美国现代农业技术

梁立赫　孙冬临　编著

中国社会出版社

图书在版编目（CIP）数据

美国现代农业技术/梁立赫,孙冬临编著.—北京:中国社会出版社,2009.10

ISBN 978-7-5087-2847-6

Ⅰ.美… Ⅱ.①梁…②孙… Ⅲ.农业技术—概况—美国—现代 Ⅳ.S-171.2

中国版本图书馆 CIP 数据核字(2009)第 172959 号

书　　名:美国现代农业技术
编　　著:梁立赫　孙冬临
责任编辑:彭先芬

出版发行:中国社会出版社　邮政编码:100032
通联方法:北京市西城区二龙路甲 33 号新龙大厦
　　　　　电话:(010)66080300　(010)66083600
　　　　　　　　(010)66085300　(010)66063678
　　　　　邮购部:(010)66060275
　　　　　电　传:(010)66051713
网　　址:www.shcbs.com.cn
经　　销:各地新华书店

印刷装订:北京华创印务有限公司
开　　本:145mm×210mm　1/32
印　　张:4.125
字　　数:92 千字
版　　次:2009 年 10 月第 1 版
印　　次:2014 年 3 月第 3 次印刷
定　　价:8.50 元

前　言

　　美国位于北美中部，南部以墨西哥为邻，北部与加拿大接壤，国土面积为 962 万平方公里，居世界第 3 位。

　　美国现有耕地面积达 19745 万公顷，占世界耕地总面积（150151 万公顷）的 13.15％，是世界上耕地面积最大的国家。美国现今人口约为 3 亿，其中农业人口约为 600 万。人均耕地 0.7 公顷，是世界人均耕地（0.23 公顷）的 2.9 倍。美国农业在国民经济中的地位，如果从传统观念看，即把农业仅仅局限于农业生产部门（农场生产），似乎作用很小。如在 1988 年时，美国农业生产总值为 1012 亿美元，在国民生产总值中仅占 2％。但是，如今的美国农业已实现供产销一体化，已建立一个完整的农业与有关的非农业部门的广泛协作与联合的"食品—纤维系统"。从这个观念看美国农业，它是美国经济中最大的部门，为近 1/4 的人提供就业机会，创造的产值在国民总产值中约占 1/5；其农产品出口创汇收入约占全国外汇收入的 1/5。美国的农业为工业和整个国民经济提供了大量的原料和广阔的销售市场。如以上述各种重要指标衡量，美国农业在国民经济中所占的比重大约在 1/5～1/2。美国不仅工业发达，在农业上也极为发达，其农业生产以高效率著称，而这主要归功于美国先进的现代农业技术。

　　由于农业生产技术以及相关技术的变化，美国农业在过去一百年当中一直在变化。总的说来，农场更大了，更加专业化了，劳动生产率和土地生产率提高了。1950 年，恩格尔系数（居民家庭食品消费支出占家庭消费总支出的比重）为 22％，80 年代为

16.45%，到 2004 年，这一数据已经降到 9.15%。同期，农场家庭的平均收入从低于非农场家庭的收入上升到超过非农场家庭的收入。消费者必须支付农产品的实际价格下降了一半。另一方面，农场的数目减少了，一些传统的农场正处在消亡的边缘，务农人口占总人口的百分比大大地下降了，这些变化同技术的变化密切相关。

本书通过查阅并参考美国现代农业技术的相关书籍和期刊文章，以美国现代农业技术的发展状况、趋势以及主要技术成果等内容为主体，主要从耕作、化学、生物、电子信息 4 个方面来介绍美国的现代农业技术，而最后一章则在前几章介绍的基础上，系统总结了美国农业技术推广应用的宝贵经验，以供广大农民朋友了解。

由于本书作者的水平有限，书中难免存在错误和疏漏。如有错误，请各位读者给予批评指正。

目　录

第一章　美国的农业耕作技术

第一节　农业保护性耕作技术

一、保护性耕作模式及应用

（一）保护性耕作模式

保护性耕作是一种既古老又现代的耕作方式，其实质就是改善土壤结构，减少水蚀、风蚀和养分流失，保护土壤，减少地面水分蒸发，充分利用宝贵的水资源；减少劳动力、机械设备和能源的投入，提高劳动生产率，达到农业高效、低耗、可持续发展的目的。在农业生产中因其独特的生态保护作用，保护性耕作已经在全世界范围内得到广泛应用，被视为一项重要的可持续农业技术。

在世界范围内首先开始研究耕地的保护问题的是美国，这一研究的起因与 20 世纪 30 年代的"黑风暴"事件不无关系。

1934 年 5 月 12 日，一场巨大的风暴席卷了美国东部与加拿大西部的辽阔土地。风暴从美国西部土地破坏最严重的干旱地区刮起，狂风卷着黄色的尘土，遮天蔽日，向东部横扫过去，形成一个东西长 2400 公里，南北宽 1500 公里，高 3.2 公里的巨大的移动尘土带，当时空气中含沙量达 40 吨/立方公里。风暴持续了 3 天，掠过了美国 2/3 的国土，3 亿多吨土壤被刮走，风过之处，水井、溪流干涸，牛羊死亡，人们背井离乡，一片凄凉。这一现象在当时被称为"黑风暴"事件。这种"黑风暴"事件，以后在美国又发生过若干起，主要是由于美国拓荒时期开垦土地造成植被破坏引起的。

"黑风暴"现在也称沙尘暴，这种现在人们已经习以为常的自然现象，在当时却引起了世界的震惊。人们开始认识到，尽管传统的人力、畜力耕作在促进粮食生产和增加农民收入方面发挥了一定的积极作用，但所造成的生态环境破坏也日益显现出来。因此，对保护性耕地的研究也正式起步。

总体来讲，美国的耕作模式可分为两类。

第一类为传统耕作和少耕。传统耕作主要是采用铧式犁等农机具进行全幅宽耕作，在播前或播种时进行翻耕加表土耕作，作业后小于15％的秸秆残茬覆盖地面；而少耕是在播前或播种时进行1次或多次条带表土作业，作业后有15％～30％秸秆残茬覆盖地上，主要用农药或中耕来控制杂草和病虫害。

第二类为保护性耕作，是采用铧式犁传统耕作多年后，探索、发展出的新耕作种植作业方式。20世纪50年代，美国的机械化免耕技术逐步形成，到了60年代，成功开发了免耕播种机和除草剂，保护性耕作开始在美国全国范围内大面积推广。美国对保护性耕作的定义是：为了减少水土侵蚀，保证在播种后地表作物残茬覆盖率不低于30％，主要用农药或中耕来控制杂草和病虫害的任何形式的耕作技术。保护性耕作包含覆盖耕作、免耕和垄耕三种。

覆盖耕作是全幅宽耕作，在播前或播种时进行1次或1次以上条带表土作业，作业后仍然有30％以上作物残茬覆盖地上。需要指出的是，覆盖耕作的一个明确意义是要进行耕作，并非不耕作，只是这种耕作是有别于传统耕作方式的，是用保护性耕作机具来完成，所用机具主要有：圆盘犁、表土耕作机、凿型犁、少耕机、联合作业机等。

免耕是指从农作物收获后到再种植土地休闲时，不进行任何的耕作与地表处理（即零耕作），或仅为了打破犁低层、疏松土壤、增加雨（雪）水入渗与蓄积、防止连年作业造成土壤板结所实施的动土量很小的一种条状耕作，动土在行宽的1/3。实际上，条状耕作占的比例更多些，完全免耕（即零耕作）是很少的。所用机具有：少耕机、条状耕作机、施肥机等。

垄耕与免耕作业相同，仅在播种季节进行起垄，垄面上种植作物，垄沟秸秆覆盖，中耕修复垄形，所用机具有：条播耕作机和施肥机等。

（二）美国保护性耕作应用

美国保护性耕作是通过一套操作性很强的作物残留物管理（CRM）来实现的。CRM可以改进土壤质量，减慢了土壤有机质分解为二氧化碳的速度，减少了导致全球温室效应的二氧化碳的排放。CRM可以提高水质，通过使养分和农药留在地里供作物利用，减少它们进入表层水和地下水。

此外，美国农业部自然资源保护局（NRCS）的作物残茬管理调查收集了大量关于作物种植、不同耕作方式的残余物水平等信息，以及美国每个农业县的耕地数据。NRCS和其他保护性组织经常性地收集准确的耕作信息并评估不同作物适合的耕作方法。评估的内容包括：农业耕作对水环境的污染、天气和土壤因素对耕作的影响、作物轮作与休闲情况、水蚀与风蚀影响、杂草控制情况、土壤肥力变化情况等。利用这些准确信息统筹规划，指导农民耕作，帮助农民避免盲目生产，规避市场风险。

事实上，最初进行的保护性耕作实践并不顺利，有不少人认为"免耕的设想，既大胆又荒谬，它意味着农作物的生产过程将像历史所记载的那样古老，又像化学农业和飞机播种那样新鲜"。但是，农业科研工作者及一些具有创新意识的农民却认为"不要很长时间，免耕制就不再仅仅停留在试验阶段了"，并且认为"免耕制是自杂交玉米以来农业生产上最重要的进展"。比如，在1997年5月的美国保护性耕作信息中心年会上，一位免耕农民的妻子巴巴拉·弗瑞安西斯说："除电的应用外，免耕法是对我的生活质量改善最大的事情。"通过对免耕制的评价，可以说，保护性耕作已经在农业生产中发挥了显而易见的作用。

根据美国保护性耕作信息中心（CTIC）统计，1963年美国保护性耕作的推广面积仅占耕地的1%，到1979年上升到16%，在采取了一系列鼓励政策和措施后，到2004年，保护性耕地面积已经占到总种植面积的40.7%，为45.57×106公顷，其中免耕占22.6%，为25.25×106公顷；垄耕占0.8%，为0.89×106公顷；秸秆覆盖耕作占17.4%，为19.43×106公顷。

二、保护性作业机械

在美国，保护性作业机械分为保护性耕作机具和免耕播种机两大类，因此，谈到保护性耕作机具，并不包括免耕播种机。保护性耕作机具的研制与使用被放在很关键的位置，与免耕播种机具有同等重要的作用。这不仅在于使用该类机具有助于防止秸秆对免耕播种机的堵塞，更在于其对土壤的综合功效有利于作物的生长，是保护性耕作技术实施的重要环节。约翰·迪尔公司是美国乃至世界上最大的农业机械生产企业，生产的机具有多种类型与规格，下面我们就以约翰·迪尔公司的产品为例，介绍美国的保护性作业机械。

（一）保护性耕作机具

从使用功能来看，美国的保护性耕作机具主要可分为 4 种类型：深松除草整地类、条状少耕类、切茬碎土类和联合作业机型（复式作业）。

1. 约翰·迪尔 2210 型松土除草机

该机是在机架上安装有弧形铲，铲头为箭铲式，与铲柄组装，根据松土范围铲头设计有宽、窄两种形式。铲柄做成向前弧形，有利于减少土壤阻力；同时有弹性势能蓄积，具有浮动功能，遇过硬点可避让，起到保护作用。弧形铲有两种形式：一种为上端与机架固定连接，用弹簧限位；另一种制成 S 弧形，利用钢本身的弹性变形特性。机架整体设计强度高，采用液压系统调整耕作深度和运输时工作机构的升举。弧形铲沿机架前后错位等间隔排列，相邻铲间距为 60～70 厘米，整体为 30～35 厘米，耕作深度约为 15～20 厘米。作业时，箭铲可将杂草和作物根系切断，同时松土。在机器的后部设置钢丝梳齿，起到梳理碎秸秆与土壤的作用，使土壤细碎，耕过地表平复，秸秆分布均匀。该机为牵引式，与大功率拖拉机配套使用。

2. 约翰·迪尔 2100 型条状少耕机

该机机架前部设置有大直径圆盘切刀，与之正对后部安装了凿型深松铲。圆盘切刀直径 60 厘米，厚 5 厘米，切割深度可调，一般为 15 厘米。圆盘切刀的主要功能是切割地表残留物和地表以下作物主根系，防止对后部凿型深松铲的堵塞。相邻深松铲间距约为 70 厘米，耕作深度为 25～40 厘米可调，铲头有多种规格形式，可根据土壤硬度、作业宽度（松土范围）选择使用。在圆盘切刀和凿形深松铲与机架的连接中都安装有弹簧，起到调节压力作用。该机为后三点悬挂机型，作业动土量很小，主要功能为打破犁底层、疏松土壤、增加雨（雪）水入渗与蓄积，防止连年作业造成土壤压实与板结。该机可与其他保护性耕作机具配合使用，也可作为免耕的一个操作环节独立使用。

3. 圆盘犁

圆盘犁的作用主要是将秸秆和土壤切碎，作业过程中对土壤有翻动作用，翻后的土壤将部分秸秆覆盖压实，既减少了地表秸秆覆盖量有利于免耕播种机通过，又易于秸秆腐烂分解，同时在休闲期保持部分秸秆覆盖地表使风不易将其吹走。圆盘犁的犁片直径约 40 厘米，制成中部内凹的勺形，犁片间距约 20 厘米，两组犁片呈前后镜像 V 形对称布置，前组犁片 V 形夹角为 18 度，后组夹角为 20 度，其综合效果更有利于切茬碎土和翻动土壤。圆盘犁一般为牵引式，采用液压系统调整工作深度和运输时工作机构的升举。

4. 联合作业机型

联合作业机型的结构主要是圆盘犁与凿型深松机的组合，其功能也是此两种机具的组合。联合作业机型可以减少作业次数，降低作业成本。

（二）免耕播种机

免耕播种机的主要功能是保证作业过程中机具不被地表残留物堵塞，能够按照农艺要求正常的播种。机具的关键技术是由开沟、播种、覆土、镇压和防堵塞等机构所构成组件的组合设计；设计与制造要点是该组件的各机构能够联合作用完成免耕播种功能所具有的结构形式、整体布局和关键零件的制造工艺与加工质量。免耕播种机有两类机型：小麦和玉米免耕播种机。约翰·迪尔公司的免耕播种机开沟、播种、覆土、镇压和防堵塞等机具的组件布局有 3 种结构形式。

1. 第一种组件结构。

该结构形式是用在玉米免耕播种机上，组件由连接架、种箱、排种器、波纹圆盘切刀、双圆盘开沟器、播种限深轮和 V 形镇压轮构成，以四连杆机构与主机架固连构成播种单体，作业时可对地仿形。波纹圆盘切刀正对双圆盘开沟器并靠近设置在前方，主要功能是将地表作物秸秆与杂草切断，防止其对机具的堵塞，同时对硬实土地有切土开沟作用。播种限深轮紧靠双圆盘开沟器两侧设置，对其起到限深作用；限深高度可调整，与靠镇压轮限深的机型比较，这种设置限深准确、可靠，播种深度一致性好。V 形镇压轮的作用是覆土与镇压，其压力可调。在波纹圆盘切刀前侧方主机架上还安装有双圆盘施肥开沟器，可实现种侧施肥。排种器、排肥器的转速通过地轮、链轮与链条按相应传动比传递。

2. 第二种组件结构。

该结构形式是用在小麦免耕播种机上，组件由光面圆盘切刀（单圆盘开沟器）、播种限深轮、覆土轮和镇压轮构成以单臂结构与主机架铰接，单臂结构上安装了弹簧实现对地仿形。该组件的结构特点是：圆盘切刀既起到切割秸秆与杂草的作用，又是单圆盘开沟器。圆盘切刀直径约 45 厘米，厚 5 厘米，加大直径且与播种限深轮前后轴心分离布置有利于切割，对地压力通过调整弹簧工作高度来实现。圆盘切刀与前进方向有 7 度斜角，切割时加大了开沟宽度，便于种子落入种沟内；排种管下部与圆盘刀紧贴合布置，减少挂草与阻力，同时可顺利排种。由于种沟窄，用窄覆土轮和单镇压轮即可完成覆土与镇压。该机为种肥混施，通过控制排肥量来避免烧种现象。

3. 第三种组件结构。

该结构形式是用在小麦免耕播种机上，组件前部在机架上安装了小波纹（窄槽）圆盘切刀，紧靠圆盘设置凿型开沟器。开沟器将圆盘刀切割的沟进一步扩宽，同时可施液态氨肥。在组件后部设置了大波纹（宽槽）圆盘切刀，大波纹（宽槽）圆盘切刀两侧安装有拨草轮；拨草轮与前进方向成一定角度，作业时向侧后方拨草，防止秸秆拥堵。大波纹（宽槽）圆盘切刀后是双圆盘开沟器、播种限深轮和Ｖ形镇压轮，构成和布置与组件第一种形式相同。第三种组件结构形式采用设置两个波纹圆盘切刀二次切割，双圆盘开沟器开沟播种，行间拨草轮拨草的方案，是一种强化措施，保证了在大秸秆量下播种小麦不发生堵塞。

第二节　农业机械技术

一、发展现状与特点

（一）农机技术的现状

美国的农机化发展支持体系主要由政府农业主管部门、农业大学、农机生产制造企业或公司、农场主和农机协会办的专业化服务公司以及财政、银行等4个层次组成，它们之间的分工合作任务明确，依靠政策法规和市场经济规律调整各企业之间的经济利益。

第一层次，美国政府和各州府的农业部门设置农机官员，主要职责是贯彻执行国家和各州的有关农业政策法规、协调各有关方面的关系，下达必要的项目计划。第二层次，每个州的农业大学均设置农业工程学学科，其主要职责是承担培养农机化专业人才、技术培训、科研、新技术新机具试验示范等，所需经费开支一般由政府（包括州政府）扶持或由企业资助解决。第三层次，农机制造企业（公司）主要生产市场需要的各种农机设备，对象是农场主和专业服务公司。第四层次，银行部门主要为农机企业、农场主提供必要的流动资金和购机资金贷款。由于各个环节均与个人的利益紧紧挂在一起，这样，农场主或专业服务公司对农机产品质量和性能的要求心中有数，反过来说，生产企业就必须提供性能优良、质量可靠的产品。

从整体上看，美国的农业机械化程度已达 80% 以上，农机化技术装备种类繁多，已形成完整体系，有力地促进了整个农业生产的现代化进程。在发展和应用农业科技包括农机化技术方面，农业部设立大型科研和实验基地。为了发展农业技术推广工作，由联邦政府、州政府和学校三方组成推广人员，负责农业、农机、水利、林业技术推广，实现了农业教学、研究、推广的有机结合；科研成果转化率既高又快，这是农业快速发展的一条成功的经验；美国农产品加工业发达，产供销一体化使产品的加工成为产品上市前一个重要的环节，对各种奶制品、肉类、蔬菜、水果、粮食等，美国的初加工和深加工技术都非常先进。在组织形式上，美国有专业的食品加工协会和企业。如 Eugeneshaw 食品加工和包装协会代表了美国 500 多家食品加工厂和 300 多家加工、包装设备生产厂，生产的设备向 240 个国家出口；有集生产与加工销售为一体的企业，如花生加工场和肉类加工场，都是农场自己生产的原料并直接加工销售，减少了中间环节，保证了质量，增加了效益。

（二）美国农业机械化发展的主要特点

从 1946 年，美国的农业开始步入全盘机械化时期。当前，美国的农业耕作已经进入了全盘的机械化、自动化时期。不但大田谷物生产已全部机械化，而且那些机械化难度大的待业和作业，如马铃薯、甜菜等的收获，番茄、葡萄等水果的采摘也都实现了机械化。此外，畜禽养殖业的机械化程度也很高。

1. 机械数量增长幅度不大，而马力却越来越大。作为最早实现农业机械化的国家，美国的拖拉机市场在 20 世纪 70 年代末 80 年代初就已经饱和，每年销售的拖拉机主要用于保有量的更新换代。因此，自 20 世纪 90 年代以来，美国每年的拖拉机销售量均保持在 10 万台以上，总数量则一直保持在 480 万台左右。拖拉机按功率大小分为 29.4 千瓦以下、29.4 千瓦～73.5 千瓦和 73.5 千瓦以上三个层次。与 1997 年的数据相比，2002 年，三个层次对应的增长率分别为 -2.76%、3.39% 和 21.27%，可见，小功率的拖拉机数量为负增长，而大功率拖拉机数量则增长幅度很大。因此，虽然美国拖拉机的总保有量一直比较稳定，但总功率却越来越大。

2. 大力发展大功率、高速度的农业机械。如果按 1000 公顷可耕地平均拥有的农业机械数量计算，美国拥有的数量与其他农机化先进国家相比，并不算高。究其原因是日本采用的是以小功率为主的农机发展模式，而美国是发展大功率、高速度的农机发展模式。

3. 在一些过去认为无法实现的机械化作业上实现了机械化操作。如马铃薯、甜菜、棉花、加工用的番茄、葡萄及其他水果等都实现了机械采收。

4. 在畜禽饲养方面，尤其是养鸡、养牛实现了自动化和工厂化。由于采用机械饲养管理畜禽，极大地提高了劳动生产率。在美国，一个农业劳力采用先进的机械设备，可照料 6 万～7 万只鸡、5000 头牛。

二、发展趋势

美国的农业在 20 世纪 40 年代就已经实现了从耕地、耙地、播种、施肥，除草到收获、加工全过程的机械化。目前全国的农机生产、科研部门正在研究推广把卫星通信、遥感技术、电子计算机等高新技术应用到拖拉机等农机具上，实现拖拉机等农机具的无人驾驶、自动操作、自动监控，使各种农业机械能更准确、迅速地实现耕地、播种、施肥、除草、除病虫害等作业。美国的农机技术在不断发展，其主要发展趋势有以下三点。

（一）控制性能更优

控制性能是大型农用设备的主要性能指标。随着技术的不断改进，美国正从液压机械或手动控制向电子控制过渡，现在一些基本的控制已实现了电子化。比如，威克斯公司就能提供一套系统，根据设备行走速度自动调整切头的高度和速度，既减少了工作人员的劳动强度，又提高了生产效率。又比如，威克斯公司为下一代农机设计的 EMV 系统，有在工作中随着收割条件的不断变化而改变阀的控制特性，比现用的系统效率更高。电子化的另一大优势是生产厂家能根据不同用户的特殊要求而定做专用阀（硬件变化不大）。另外，新型农机还将配有多种实时诊断元件。在过去，农场主通常要等到某些元件出现故障后才去维修；现在，利用先进的诊断技术，农场主能够准确地预见到将要出现的故障，从而采取相应措施，预先进行维护，提高设备运转率。

（二）效率更高

用户的最终要求是效率更高而作业成本更低。制造、加工及生产的效率，直接影响到主机成本。以艾伦斯公司的产品为例，该公司选用了伊顿公司直角静液驱动桥，大大减少了液压系统的安装劳动。另外，将泵、电机和车桥集成一体，节省了装配时间和安装 3 个独立元件的配管作业，大大提高了生产线的效率。该技术的另一优点是结构更紧凑，在增添设计柔性的同时还能减少元件磨损，简化维护。

（三）耐用性更好

杰尔森公司的一位技术人员指出，元件的可靠性至关重要。如设备转向系统的故障不仅会造成停工，还可能涉及极为严重的产品责任事故。美国明尼苏达州车辆系统分公司推出了 108 系列动力单元，可大大简化农机作业。如托罗公司的机械利用微型动力装置升、降切割台。设备手动功能也已实行自动化，操作者不需推拉操纵杆，与动力装置连接的开关控制定位，把手动作业转化为按键操作。

三、主要技术介绍

（一）种植机械

种植机械化包括播种机械化和秧苗移栽机械化两部分，目前播种机械的发展趋势主要是不断更新工作原理，完善结构，使之具有良好的工作性能，以提高播种质量的机具的通用性和适用性。美国在 20 世纪 90 年代末就基本实现了精整地、精量播种机械化，全美生产播种机、铺膜机的公司有 40 余家，主要生产机械式、气吸式、气吹式等形式的精量播种机具，并都配备了施肥装置。

1. 气吸式播种机具

在美国得到广泛的应用，全美的农机制造公司几乎都生产气吸式播种机具，该机型可根据要求每穴播种 1、2、3、4 粒种子，但工艺和密封性能要求高。

2. 气吹式播种机具

用于单粒种子的播种，更换排种盘可适应不同作物的点播，作业速度可达每小时8公里～15公里，播种精度高，对于不规则的种子，也极少损伤。但需每穴播种1粒以上种子时，该机不适应。气吹式播种机结构复杂，体积大，价格贵，在美国市场占有量很小。

3. 机械式精量播种机具

美国现仅有几家公司生产水平圆盘式精量播种机具，因该机型作业速度、播种精度较气力式机型低，而且对种子要求严，该种形式逐渐被淘汰。但其结构简单，维护方便，对丸粒化种子较适应。上述三种形式的播种机具，其排种器、风机，全部采用合金压铸而成，关键部件采用不锈钢材料，一台播种机具除少量易损件外，一般可使用10～15年。另外，美国产播种机具由于调速范围大，可适用不同作物，不同株距、行距，播深的要求，利用率高。在美国一些地区也采用地膜覆盖技术，其形式与我国生产的机型原理基本相同，主要为窄膜，每1～2行一膜，膜铺为拱形，高出地面10～15厘米，待出苗后，再把膜回收。

4. 秧苗移栽机具

20世纪80年代初，美国在移栽技术方面有了很大突破。随着秧盘式工厂化育秧技术及移栽机械的发展，秧苗移栽在美国实现了半自动化，现已大面积推广，移栽机由4～24行成系列产品，可在膜前移栽，也可在覆膜后移栽，主要移栽作物有瓜菜、番茄、甜菜。

（二）种子加工机械

美国种子加工业，从原种的培育、繁殖、推广到加工属同一个部门，种子的加工从初清→干燥→干贮→预清→风筛选→长度选→重力选→种子包衣→质检→计量包装→仓储加工全过程，都有机械设备。在棉种加工中，研制了特殊的风筛选设备，主要用于毛棉籽脱绒前的清选，大大提高了脱绒设备出种率。重力式清选机在近年也有了较大改进：增加了平衡装置，既减少了机器本身的振动，也避免了由于机器的振动影响分选效果。为了迅速准确地调整好使用参数，增加了指针式风量表和数字式振动频率表，各种参数的调整都可以在机器工作状态下进行。台面倾角采用液压或电控自动调整系统。严格控制了振动台面微小的横向或椭圆形运动。

种子包衣机近年来也有了较大发展。采用定量计量泵强制输送种衣剂代替原有的机械翻倒式加药机构。搅拌部分多采用滚筒式，体积很大，可以做到种子成膜后再排出。有的包衣机采用喷药搅拌再喷药再搅拌的工艺，最多可达 10 次之多，因此不管哪种形式的种子包衣合格品率都可以达到 100%。

（三）植保机具

1. 田间农药喷雾机

大中型喷雾机均为专用拖拉机驱动。大型拖拉机的动力均在 200 马力以上，配备专用的大直径窄轮胎，离地间隙很大（约 1 米），在作物长至很高时，仍能进入田间作业，适应性很强，一次工作宽度在 25 米以上，臂的折叠全部由液压控制。每个喷口处均有 3～4 个不同类型、不同角度的喷嘴，使得药液喷洒均匀，雾化效果好。

2. 园林喷雾机

这种喷雾机主要为牵引式，动力由喷雾机自带的柴油机提供，根据不同树形，不同高矮，不同品种的果树，喷头布置有回形、扇形、上扁扇形、下扁扇形等多种方式，能够更好地适应各种不同的果树。为了使药液雾化得更好，许多大型喷雾机在圆形布置方式的喷头中间又设置了一个与柴油机主轴直联的大风扇。小形园林喷雾机多为手推式，以蓄电池为动力，移动非常方便，药液喷射高度可达 4～5 米。

（四）农副产品加工机械

加州的 Sun-Maid 葡萄干加工厂是全美国最大的一家加工厂，该厂建于 20 世纪初，现在的生产能力是每天出 1000 吨产品，有 25 条生产线，产品畅销世界各地，欧美偏爱的各种甜食中很多都有该厂加工的葡萄干。包装以盒式为主，加工工艺为：原料筛选去杂叶→分级→脱梗→清选→烘干→检验→包装。他们十分重视原料的充分利用，葡萄干加工后的杂质，如梗、茎、叶等全部收集起来，经粉碎后装袋作为牲畜饲料或沤制肥料。此外，一家小型的核桃去皮加工厂，全套设备 16 万美元，每天可加工核桃约 20 吨，采用清洗、机械搓皮、杂质分离、烘干、分级等机械方式处理，可以很好地保证核桃质量。

（五）啤酒花加工机械

美国是世界上主要的啤酒花生产国，年产量可达 3.54 万吨，仅次于德国，名列第二。美国的啤酒花主要种植在华盛顿州、爱达荷州和俄勒冈州等地，共有 12 个品种。美国啤酒花在种植、收获和加工上全部实现了机械化作业，其酒花加工机械代表着世界的先进水平。酒花的收获采用固定式的摘花分选流水线，整条流水线主要由摘花和分选两部分组成，设备高达 7.5 米，属于大型摘花机，每小时鲜花产量约为 2.5～3 吨，这种酒花收获机在美国被广泛采用。酒花的加工机械按其最终产品不同而不同，主要有以下几种：(1) 普通啤酒花颗粒生产线（90 型）；(2) 浓缩型酒花颗粒生产线（45 型）；(3) 异构型颗粒生产线；(4) 酒精萃取浸膏生产线；（5）二氧化碳萃取浸膏生产线；（6）二氧化碳萃取异构型浸膏生产线。

第三节　节水灌溉技术

一、节水灌溉技术概况

美国东西部降雨量差别很大，东部降雨充沛，年降雨量在800毫米以上，农田一般不灌溉。而中西部属沙漠气候，年降雨量在500毫米以下，为了保证作物高产必须灌溉。西部的加州地区是美国发展节水灌溉的重点地区。美国政府十分重视节水，每年都拿出一定资金用于节水灌溉技术的研究与推广，节水灌溉措施有明显的节水增产效果。从20世纪70年代末到90年代初，由于美国法律上对生态环境用水要求逐步严格，以及城市工业、生活用水量增加，使农业可供水量减少；再加上其间出现连续枯水年份，降雨量和来水量减少，因此，美国总的灌溉面积近20年有所减少。但由于采取节水措施，农业产值仍逐年上升。在节水灌溉面积中，时针式喷灌面积和微灌面积有明显增加。此外，灌溉效益也非常明显，全国灌溉面积占播种面积的15％，而农业产值则占到40％。

在美国，人们对"真正节水"的看法都一致。节水是广义的节水，即水资源的高效利用，以一个流域或区域作为水资源供需平衡分析的核算单元；强调的是如何推广应用先进的灌溉技术，而不是单纯谈节水灌溉。农业用水是否节约，不只取决于灌溉系统和设备的先进性，还取决于土壤类型、作物结构、可供水量、农业措施、应用效率及管理水平等多种因素。要做到"真正节水"，主要应从三个方面入手：（1）减少无效蒸腾蒸发；（2）减少流入海洋或其他地区不能再利用的水量；（3）减少流入地下并且不能再利用的水量。这种观点同传统的工程取水节水有很大不同。不能简单地说哪种节水灌溉形式更节水，如在沙性土地种棉花，漫灌改成滴灌后可省水 50％，而在黏性土地就没有达到同样的效果。在地下水质好的区域，采取滴灌用水效率提高，入渗量少，地下水位不提高。如果采用漫灌，灌溉效率较低，但地下水可得到补充，提高水位，从资源角度看，采用滴灌并不节水。如果土壤为盐碱地，浅层地下水矿化度高，则地面灌溉后入渗的地下水不能再利用，因此，这种情况下采取滴灌真正节水。

美国的灌区是按市场经济条件下自主管理灌排区（SIDD）的管理模式进行运作的，采用董事会制度下的分级管理制度，董事会由农户中产生。一般由 5～7 人组成，灌区工作人员由董事会聘任，一般为 20 人左右，为非营利性事业单位，享受政府免税的优惠政策，供水水费中不含利润，采用预付水费制，优先考虑拥有水权农户的需要。一般情况下，农民 1 年中分 4 次向灌区管理单位交纳水费。灌区按用水计划进行管理，农民每天向灌区管理单位提出用水计划，经计算机处理后逐拟订用水调度计划，并通过微机实现用水自动化处理。各级水务局每星期向州政府水资源部报告一次水统计表，每月公布一次用水情况。

美国很多灌区都修建了地下水回灌工程，称之为"水银行"。丰收年购买低价水回灌到地下，利用地下水库蓄水，干旱年缺少水时，再抽出来灌溉农田。"水银行"的建设与运行费用由受益的各个灌区分摊，由灌区组成董事会，董事会再聘请管理人员。由于修建地下水调蓄水量的工程造价比修建地面调蓄水量工程投资要低许多，且对生态环境影响小，故美国灌区现基本采取这种模式，并且运行管理良好。例如科尔县设有 4 处"水银行"，面积达 1.01 万公顷，从 1995～1998 年共回灌地下水量 17.76 亿立方米。回灌水价为 0.058 美元/立方米，抽取水价为 0.081 美元/立方米，并且在运行时尽可能购买便宜水回灌（0.0081～0.0162 美元/立方米）。这一做法，以丰补歉，合理调度水资源，提高了灌区农田灌溉保证率，同时改善了水环境，大大缓解了水资源供需矛盾。

美国有许多废水处理厂，将处理后的水用于农业灌溉或改善环境。有些地区废水的处理再利用率占 30%，并且价格只有正常地表供水价格的 1/3。因此农民将处理后的水用于发展喷灌等，政府部门用于环境用水。如湿地计划就是把废水经处理后，在荒漠中建一处天然湖泊似的蓄水池，用于野生动物栖息、公共教育和娱乐等。

美国农业部下属的农业灌溉技术科研单位有 200 个，工作人员 800 多人，联邦政府每年安排业务经费 8 亿美元。各地都有农业灌溉技术咨询公司及专家，为农民进行技术服务。通过承包收取服务费，这些技术人员主要是为灌区农民搞灌溉设计，提供设备，指导技术，监测土壤含水量，指导喷滴灌的时间、灌水量等。此外，美国很注意科研、教育、设备生产、新技术推广、用户培训的工作，南加州和佛兰斯诺地区，集中了许多有关农业灌溉技术的科研、教育单位，以及设备生产厂家、新设备和技术展览中心、灌溉协会成员单位等。

二、主要技术

（一）灌溉测报技术

美国十分重视灌溉测报技术的研究和应用。根据作物水分蒸发量，研究作物耗水与气象之间的关系，据之确定农田土壤水分变化和适宜的灌水期与灌水量。较广泛使用的地面红外线测温仪，测定作物冠层或叶面温度以及周围空气温度，据以确定作物需水程度。除在地面用仪器测定外，还采用飞机航测和卫星遥测。

（二）灌溉管理自动化技术

美国大的农业灌溉系统的水管理，不同程度地实现了自动监测与控制，加州考契拉灌区是一个典型。这里渠道输水自动化系统包括自动控制与自动监测。安装在水工建筑物上的电子仪器，将灌区各处的水位、闸门开启度，通过中继站传送给联合调度中心，计算机随时将渠道位置，输配水情况，闸门水位、流量和启闭情况，显示于大型模拟屏上。配水员可根据要求在调度中心遥控闸门和机、泵。此外，网络系统的天气、湖水位、河道径流、水质等信息也可显示。监测系统还能自动将通信中断，如遇渠道高水位、设备故障、电力中断等异常情况，监测系统能警报给管理人员进行处理。

另外，葡萄栽培农场自动化程度也很高。灌溉的主要设备集中于室内，离心泵将井水吸出，经过滤和加注固体、液体肥料后分两套管路输出，每套负担 32.2 公顷的面积（占农场面积一半）。灌溉系统按编定的程序自控运行，过滤器可自动清洗，流量表自动向计算机发送灌溉水流量信号。农场主用一部手机即可指挥系统的运行或改变程序，即使在国外，也可通过国际长话联机指挥。

（三）滴灌技术

滴灌是属于仅使田间土壤部分湿润的灌水系统。基本特性是：水、肥供应缓慢且量小，且局限于作物的根系层。灌溉是通过滴头、喷嘴、毛管和微管等配水装置由地上或地下进行的。

从以色列引进的滴灌技术，在美国得到较充分的发展。前些年，美国滴灌设备毛管以下基本上采用组装式，或置于地上或埋入地下。毛管或为多孔管，或管上串接（有插口）各种形式的分配器。水从孔口分配器滴出，落在植株旁，渗入根部（地上式），或直接渗入作物根系层（地下式）。

滴灌设备的分配器（含孔口、微管），必须使流出的水在毛管沿程分布均匀。一般情况下，由于输水毛管沿程阻力造成的压力水头损失，使压力水头由首端向末端递减，使毛管各孔口流出的水量在毛管沿程上分布不均。分配器具有补偿其分配不均的功能。补偿形式有：（1）解决孔径管的沿程压力水头损失；（2）通过孔口形成控制；（3）通过涡动作用消耗水的压力。第一种形式是在毛管上插若干微管（孔径管），灌溉水通过微管滴出。为解决滴出水量分布不均的问题，在毛管首端置长微管，加大微管段的沿程损失，降低出水压头。自毛管首端至末端逐渐减少微管长度，以逐次减少微管沿程损失，最后达到在毛管全程上的各微管出水量大体一致。

第二种形式是美国近年开发的，补偿迷宫式滴头与输水毛管融为一体，形成对毛管全程滴水均匀性的控制。工作时水流先进入迷宫槽中，利用槽的阻力使水流降低压头，从而减小了毛管末端由于压差而造成的流量差。生产测定全长 170 米的毛管上，首末端滴水量之差小于 10%。

第三种形式是分配器在水流压力作用下产生涡动，消耗动能，降低水流的压头。其产生的压降与水流压力呈多次方的函数关系。自毛管首端至末端，由于水流压力逐渐减小，经过分配器涡动后的压降亦减小，从而使分配器滴出的水压在毛管全程上保持大体一致，流量也大体保持均匀。

美国滴灌技术发展较快，迷宫式滴头与毛管融为一体的滴管，滴水量分布较均，铺设、收起、存放以及重新使用都很方便。这种地埋式塑管置于地下，既可防日晒老化，又能节水（仅湿润作物根系层，且可避免过多蒸发），使用效果好，得到迅速推广。

滴灌设备制造厂现正研究开发一种新的滴头，即将迷宫式滴头敷上一层补偿硅带，据称，可使滴水量在水流压力为3～5米情况下，在滴管（毛管）全程上基本保持一致，与过去的几种分配器比，具有更高的滴水均匀性。滴灌的突出优点是管理简便、节省劳力和日常费用、节水、能控制用肥、能控制杂草和虫害、能更好地利用贫瘠和难喷灌的土地以及可充分利用小流量水源。其缺点是滴头易堵塞，限制作物根系发展，不能用以调节小气候。因此，滴灌尚不能完全取代喷灌和地面灌。而宜用在果树、经济作物和水源缺乏、其他灌溉难于进行和有小流量水资源以及劳力昂贵的地区。美国为克服滴灌的缺点而采取以下的对策：过滤滴灌水，调节水的pH值和沉降盐分，以防止物理和化学堵塞，防止被灌植物根长入滴头孔口，定期清理管道及关注滴灌的均匀性等。

（四）间歇滴灌

由滴灌改造形成，它与一般滴灌的不同点是根据作物需水规律及需水量，在一个灌溉期里间歇灌水。其设施和设备均较普通滴灌简单。此灌溉系统设贮水库，通过输水管道（内径152毫米）输水到地端，连接田间输水管道，再通过田间的支管毛管分配水到果树的行。在每株果树根下接一只微管到毛管上，微管为内径10毫米的软塑料管，外套一硬塑料管为导管。微管、导管露出地面（毛管在地下），水由微管滴出，渗进果树根部。这一技术是亚利桑那大学干旱研究中心开发的，在该大学柑橘试验站试验，幼树可节水 75%，成树可节水 66%，它与一般滴灌系统相比有三个优点：第一，贮水库与灌溉处水位差只需 1 米，而一般滴灌需 15 米以上，因此可节省能耗；第二，设施和建筑简单（输水管道结构也简单，不用设过滤装置等），因而固定资产和运行费用均较低；第三，由于单位时间流量大（间歇灌），所以最后一级微管管径较粗（10 毫米），不易堵塞，而一般滴灌微管管径（或孔口径）仅为 0.5~1.5 毫米，容易堵塞。与滴灌比，不易堵塞是间歇滴灌的最大优点。

（五）喷灌技术

喷灌属节水灌溉的一种好的形式。喷灌系统（含机、泵、管道等）有移动和固定两种，以大型移动喷灌为主要形式。近年，美国的喷灌技术和装备也在改进，为避免水分在喷洒过程中飘移和蒸发，改高喷远射为低喷下射，喷出水雾为圆形，直接接触作物和土壤，提高水的利用率。喷灌除了节水，还有节省田间工程占地（约 20%），便于田间农业机械作业（田间无渠埂）和使作物增产等优点。

（六）节水的地面灌技术

1. 均匀灌溉。在同样水量下，均匀性越高，产量也越高，因此不仅地面灌，喷灌、滴灌也要求高的均匀性，但地面灌更不容易均匀，所以，更应注意其均匀性。灌水均匀性主要受入渗时间、土壤空间变异性、田块平整度以及灌水操作等影响。美国采取的沟灌，在确定的灌水量不变的前提下常采用加大单位时间的灌水量，以快灌减少渗漏时间；适时闸断灌水沟的水量，根据空间变异性调整同一地块不同区位的灌量灌速等办法，以提高灌水的均匀性。

2. 多次少灌。美国农业部水保持试验站试验一种增加灌次，减少每次灌量的沟灌法，用于棉田灌溉，可提高产量 15％～25％。棉田传统灌法是 4 月份灌一次（灌量较大），5 月份一次，6～8 月份每 10 天一次，共计 8 次。试验站的灌法是 4 月及 5 月各一次；6 月上旬至中旬 3 次；6 月下旬至 7 月下旬每 5 天一次，共计 11 次。

3. 间歇（波涌）沟灌。用水流转向阀控制左右若干条灌沟，先灌左边沟，水流向前推进一定距离（例如 100 米）；关左阀开右阀，使右边沟水流向前推进同样距离。再开左阀关右阀，使左沟在原湿润距离上再推进 100 米，如此左右转换，直到灌至田尾。此法既省水又均匀。

（七）废污水再利用

为节约用水，美国还注意生活的废污水利用。农业部水保持试验站做过生活废污水再利用的过滤试验，过滤后的水除不能饮用外，其他用途可不再进行处理。试验方法，是将废污水引进污水池，再引进一系列过滤池。在过滤池渗下的污水，经过上层沙砾和下层卵石的过滤。滤过的水用泵抽吸上来，浇树或流进水池待用。滤后水经化验，含氮量将减少至原来的约 1/3，有机质含量和盐的含量也都大大减少，病毒已滤除，但仍含一定数量的细菌。由于过滤对重金属的作用不大，因此被处理的污水应防止重金属进入。水的过滤和净化过程，既有物理也有化学作用。试验表明，灌水时间长短和每次灌水量的多少可控制水中的氮和氮化物。每次灌水到一定时间，则氮以氨（NH_3）的形式存在，被土壤吸收。不灌水时土壤吸进氧，与氮结合，成为硝态氮（NO_3），硝态氮若随浇灌地的水渗入地下，即造成对地下水水质的污染，若留在耕作层分解为氧和氮，氮被土壤吸收，可培肥土壤。据此可进行废水再利用过滤的工程设计。同时试验也表明，农田灌溉宜多次，每次少量。一次灌量过大，硝态氮流入耕作层下将污染地下水。

另外，美国还有两项可以借鉴的节水灌溉技术：

一是波涌灌溉法。即采用加大水流量的办法把水灌到部分沟长时停止供水，稍过一段时间再加大流量供水。这样时断时续，使水流呈波涌状推进。据称，用相同的水量灌溉时，波涌灌溉时的水流前进距离为通常的 2～3 倍。同时，由于波涌灌的水流推进速度快，土壤孔隙自行关闭，在土壤表层形成一个薄的封闭层，大大减少水的深层渗漏，使纵向水均匀分布。

二是绳索控制灌溉。这是美国研制的一种地面灌水系统。在田间高处安装一直径约 60 厘米的竖井，以接受来水和向输水管供水。在输水管灌水方向一侧，开有供水孔，管内有一受绳索控制的活塞。灌水时，活塞依靠水压由高到低依次打开出水口，将水放入灌水沟内。

第二章　美国的农业化学技术

第一节　肥料农药技术

一、肥料技术的概况与趋势

（一）概况

美国是世界上最早研究和使用化肥的国家之一。1950 年到 1980 年之间最为热门，施用量最大。但进入 20 世纪 80 年代后，为了环境保护的需要，施用量有所减少。到 20 世纪末又回升到 1980 年前后的水平。不过，在发达国家中，美国单位耕地化肥施用量仅高于澳大利亚和加拿大，而大大低于西欧和日本，也低于俄罗斯、东欧和某些发展中国家。但是，人均化肥消费量则是另一种情况，美国仍处世界前十名之列。

1982 年，美国化肥的使用量为每公顷耕地平均 86.7 公斤，1999 年为 112.3 公斤。2000 年以后的几年中，则一直保持在每公顷大约 160 公斤的用量。从世界范围看，这种施用程度并不算高，比如我国的平均施用量就大约是美国的两倍。但是由于美国有一套科学施肥的咨询服务体系，肥效利用率却比较高，效果很好。例如，许多的州立农学院的土壤实验室或专门的土壤测试合作社，承接农场主送来的土样测试。它不仅向农场主提供该地块土壤肥力方面的数据，而且还根据不同作物对各种营养成分的需要，向农场主提出今后 3 年内该地块的施肥量及各种营养成分的构成比例。农场主只要根据它的建议就可以做到以最少的肥料生产最多的农产品，取得最大的生产效益。

1. 精准农业技术在施肥上的应用

在美国，田间施肥已经越来越倾向于精确化。随着美国信息技术的快速发展，信息技术已被大量应用在农业的各个领域，其中精确农业是美国信息技术应用在农业生产上的一个成功事例，这一技术可以应用卫星遥感定位系统（GPS），来精确遥感测定田间作物的肥水施用量。详细情况，我们在第四章会详细说明。无论如何，精准农业的应用，使农业田管技术产生一次大的飞跃，是人工智能代替传统施肥及田管技术的重大革新。

这项新技术的优点，一是减少肥料流失，从而提高作物产量和品质。精准农业技术，把传统的大田施肥（125 英亩，约 750亩），精确到每英亩水平，这样就防止了化肥的过量使用以及由此而产生的环境污染，提高了作物的产量和品质。二是带动美国农业施肥技术及田管商业化的发展。精准农业的田间施肥操作，主要由变量施肥机来完成。这种机器是一台装配有 GPS 系统和计算机的拖拉机。当拖拉机在田间行驶时，通过 GPS 的准确定位和计算机的提示，将氮、磷、钾等肥料按精确量一一施入田里。美国一些大的公司，如 SIMPLOT、CENEX、WILBUR、ELNDIS，他们购买 GPS 系统并为农民提供测土施肥技术咨询，农场主在购买这些公司肥料的同时，就能得到上述技术服务，包括公司变量施肥机的田间操作。如果把这些装置与田间病虫测报和灌溉测报系统相连接，可以准确测定出某一块田的灌溉水量或病虫防治用药量。

2004 年，美国科学家开发出一种能准确计算出农作物需要多少肥料的系统。这种系统不仅可以帮助农民省钱，还可以减少肥料的流失，抑制河道中的硝酸盐污染。在内布拉斯加州 13 公顷玉米地里进行的试验表明，该系统可以使肥料的使用量每公顷减少 100 公斤以上。具体的工作情况是：把这种系统装在拖拉机上，它迅速向农作物的叶子照射红光和红外光，叶子会将这些光反射回来，而系统上的传感器可以发现到这些反射光。健康的叶子能够吸收红光和红外光，因此营养不良的农作物叶子反射的红外光会多于健康叶子的。这样，通过比较反射光中红外光与红光的比率，该系统就可以了解田地里有多少叶子，其健康状况如何，并最终计算出需要的施肥量。

2. 液肥生产与应用

美国机械灌溉技术很发达，以色列的滴灌技术，也是从美国传过去的。美国把灌溉与施肥相结合，非常重视液肥的生产和使用，在大田作物、蔬菜、水果、花卉和庭院植物上都广泛使用液肥。下面介绍马里兰州 WALLWARD 公司液肥生产及推广后的基本情况。

（1）公司一体制的肥料生产、推广体系。WALLWARD 公司为一个私人肥料企业，生产上百种配方的液肥，施用面积约 6 万～8 万英亩。公司下设 4 个生产基地工作站，每站有 5 名技术员和 5 名司机，负责实地工作。公司通过下设的工作站，向农民提供肥料和技术咨询服务，同时推销公司产品。

（2）公司根据农户需求进行肥料生产，向农民提供系列服务。公司的技术员分散在各地，开展土壤定位观测和土壤养分分析，并把农民的需求及时向公司控制中心反馈。公司根据农民的要求，生产不同配方的液肥，并向农民提供技术咨询和推荐产品。值得一提的是，这样一个生产基地式的小公司，也应用 GPS 土壤地块养分定位，进行计算机信息处理和生产控制，因此生产的配方既科学又经济。在生产季节，公司提供肥料运输及施用机械，也为农民提供种子服务。播种时，化肥、除草剂和灭虫可以同时完成，追肥则用灌溉设备施肥（液肥）。

3. 农业废弃物处理技术与环境保护

由于美国对环境保护相当重视，因此对农业废弃物的处理要求非常严格，技术开发内容和应用面非常广泛。其主要类别分为：畜禽粪处理技术、食品垃圾（畜禽、鱼类等加工下脚料）处理技术、污水处理技术和秸秆综合利用技术。马里兰州就有上述各类处理厂（点）数十家，未按要求进行处理的生产单位是不准生产的，因此看不见生产加工形成的废水、废物和畜禽粪。州农业部委派专人（2~4 人）在厂内督查，没有农业部专员的同意，工厂就不能开工。农户养殖大牲畜超过 8 头，就必须进行废弃物的处理。

农作物秸秆除了用于饲料、还田和造纸外，还在其他方面开发出许多新用途。在美国农业部研究中心，可以看到玉米秸秆制造的光解薄膜、餐巾纸和空气滤清器，玉米（粉）蕊制作食品袋、包装带有吸水剂。这些高科技产品，具有许多新奇的性能和用途。如光解薄膜、食品袋、包装带，在农业及生活使用后，可以自动分解，有效地解决了自然环境的保护问题。玉米（粉）蕊制作的吸水剂，吸水能力是其本身重量的 2000 倍，是极好的保水剂。此外，还有麦秸制作食品盘、油菜子制造的薄膜等。

（二）肥料使用趋势

1. 化肥的消耗趋势

1950~1980 年间，美国化肥的消耗量直线上升，之后则不断下降。20 世纪 90 年代与 80 年代相比，消耗量继续呈减少趋势。进入 21 世纪之后，施用总量一直比较稳定。在氮、磷、钾三者的施用比例方面，20 世纪 60 年代以前，磷肥用量较大，导致土壤中的磷素大量积累，肥料效应下降，在以后的几十年间施用量增加不多。到了 20 世纪末 21 世纪初，氮肥的施用比例逐渐增加，而磷肥略有减少。而从肥料使用形态来看，20 世纪 60 年代中期，以固体袋装化肥为主，约占销售总量的 51%，散装化肥和液体肥料总共约占 49%，而到了 20 世纪末 21 世纪初，固体袋装化肥的销售量则降至总量的 10% 左右，散装肥和液体肥则分别上升到50% 和 40%，占据了肥料施用形态的主体。

2. 施用技术的改进

施入农田的化肥因肥料品种与质量的差异，肥料利用率存在很大差异。因此，如何提高化肥利用率普遍受到各国重视。为此，采用了以下主要技术措施：（1）普遍应用和实施配方施肥。（2）开始试验和推广卫星地理定位施肥技术。（3）各级农技推广部门已普遍应用电子计算机土壤诊断系统进行土壤分析，用以确定肥料施用量、施用时间和方式等。（4）施肥技术上进行如下几点改进：①氮肥深施，使肥效提高 10%～16%。②施用包衣肥料（肥效可提高 10%～44%）。③施用硝化抑制剂，可使肥效提高23%～35%。

3. 肥料技术的发展趋势

近期，美国的肥料技术主要有如下几个方面发展：

（1）在重视提高农作物产量的同时，更重视施肥与质量、环境和人体健康的关系。

（2）由研究肥料→土壤→作物三者的关系，向肥料→土壤→植物→动物→人类，整个食物链中生命元素的循环与平衡发展。

（3）为降低化肥在贮存、运输和施用中的费用，正向高浓度、复合肥方向发展。据报道，目前，美国的复合肥消耗量占化肥消耗总量的70%以上，在复合肥中，掺混肥占70%左右。其超高浓度的复合肥，如尿素磷铵、聚磷酸铵等，其养分总浓度达60%以上。

（4）注重研究与发展通过管道输送的液态肥与杀虫、杀菌剂配合，与除草剂、生长调节剂配合的多功能肥料、缓效与叶面喷施肥料。

（5）重视肥料入土后的去向，探索减少损失、提高肥料利用率的新途径，加强调控养分供应和吸收的理论基础研究。

（6）重视土壤肥力的保持和提高、重视农业持续发展的理论基础研究。例如，用同位素示踪、计算机模拟等手段，研究土壤→作物体系中元素的循环和平衡。

4. 复合肥的发展趋势

（1）高浓度、高效化。20世纪80年代，美国的复合肥料的营养成分总量在40%左右。而现在，研究和发展超高浓度的复合肥已是大势所趋。例如，生产的尿素磷铵、聚磷酸铵，其养分浓度均达60%以上。

（2）多元复合化、复混化。美国的复合肥一般由二元、三元或含有中量、微量元素的多元复合成分构成。近几年，美国的掺混肥发展很快，其产量占复混肥总量的70%。在复合肥料中，普遍添加硼、锰、铜、锌和铂等微量元素。当前，正试验生产有机络合微量元素肥料与普通肥料混合施用。

（3）缓效化。美国的缓效肥料有两大类：一类是由尿素与甲醛按一定比例混合而成，例如尿甲醛；另一类是包衣肥料，例如硫衣尿素等。

（4）液体化。施用液体肥料不但可以降低成本30%～50%，而且可随水灌施，养分易被作物吸收，提高了肥效。自20世

80 年代以后，美国液体化肥发展很快，其中，液体氮肥产量最高，占总氮的约 50％以上。为了将各种液体氮肥输送各地农场，美国已建成 1.6 万公里长的耐压液氨管网体系，同时在施用液氨地区建有能容 1572 万吨的专门容器。美国的化肥公司根据与农场主达成的协议，将液体肥通过管道直接输送到农场并施入土壤中，不但减少了肥料的挥发损失，而且大大地节省了运输费用，减轻农民的劳动强度。

需要指出的是，美国在对化学肥料施用越来越科学化、精细化的同时，少施肥甚至不施肥，也成为一些农场主的选择。比如，一种新型农场——"生物农场"——正在悄然出现。这类农场有两大特点：一是实行"生物动力学"的耕作方法；二是由社区居民交钱入股办场，农场定期分配产品。现在，像这样的农场已经发展到 400 多个。

这些"生物农场"在耕作中从不使用化肥。他们认为如果使用化肥，就会使农场的"内在生命力"遭到破坏和掠杀。所以这种农场使用专门的有机肥，就是将禽畜屎尿、人粪尿和剩饭剩菜、绿肥等搅拌在一起，加上催化剂发酵成为有机肥。施用有机肥，不但给作物增加营养，而且能保护作物和土地的"内在生命力"，这就是生物动力学的耕作方法。这种"生物动力学"的原理是澳大利亚一位哲学家兼科学家努道夫·斯坦纳提出的。他认为比起化肥，有机肥不会破坏生物本身的"内在动力"，且有利作物更好生长。同样，这些农场也从不使用杀虫剂。他们的理论根据是：大自然给农业安排了和谐的生态环境，田园有各种各样的植物，会吸引各种各样的昆虫。它们按自然的安排，各自完成各自的任务，生生死死，各有制约。使用杀虫剂不但严重污染环境，往往还会破坏这种平衡。生物农场着力于以预防为主。通过增加土地的营养，协调土地素质与作物的平衡，作物就会少生病，这样，作物的病虫害就不是个突出问题了。

这种农场由社区居民在春耕前向农场主交款入股，规模大，机械化程度高，经营产品多样化。农场向入股居民供应各类蔬菜及部分禽蛋，每星期按定量供应两次产品，居民自己到农场取回。当地居民认为生物农场的产品新鲜无污染，因此在农忙时，居民男女老少都会自愿无偿地去农场帮忙。甚至在周末，学校也会组织学生去农场参加义务劳动。

（三）肥料施用管理

肥料施用管理在美国被称作植物养分管理，由各州农业厅和（或）州立大学农学院根据本州的情况独立开展，联邦政府对此没有统一的要求。但美国植物食品管理机构协会（AAPFCO）对植物养分管理提出了指导性意见。根据 AAPFCO 的指导性意见和本州农业生产情况、自然条件，尤其是水资源保护要求，各州形成了自己的植物养分管理标准或类似文件。标准不是强制性的，只是向农民推荐施肥方案，农民可根据自己的意愿选择是否使用。但是，如果农民因不当施肥造成水源污染，则要接受相应的处罚。目前，威斯康星州、爱达荷州、新墨西哥州等都在很少一部分农民（约5％）当中开展了植物养分管理项目，要求农民根据本州的植物养分管理标准施肥，并对施肥情况做详细的记录。为此，政府每年给执行项目的农民发放每公顷 7 美元～28 美元的补贴。各州的植物养分管理工作主要包括土壤养分分析、开展田间试验建立施肥指标体系、向农民推荐施肥方案三部分，所需经费来自于联邦政府和州政府，承担此项工作的部门每年要向这两级政府报预算。值得一提的是，美国一些州会对销售的化肥每吨征收比例不等的研究费，并形成基金，用于施肥方法研究和技术推广。

1. 土壤养分分析

对于土壤养分分析，各州都没有规定统一的方法，而是根据测试项目、土壤 pH 值（酸碱度）或其他条件选择适宜的分析方法。如爱达荷州立大学土壤试验室在分析土壤有效磷时先测土壤 pH 值，根据测得 pH 值的高低分别采用不同的方法对土壤的营养成分进行分析。为评价土壤中磷、钾等各种养分含量的高低，以指导科学施肥，各州都根据不同的磷、钾分析方法建立起不同的土壤养分分级指标，一般分为 5 级：很低、低、中、高、很高。在推荐施肥时，针对某种养分在土壤中的含量等级提出不同的施肥量。由于土壤中氮的含量会因灌溉水、温度等自然条件和人为条件而发生很大的变化，一些州在开展用于推荐施肥的土壤分析时，只测定磷和钾，一般每 2～3 年测 1 次，如果有机肥用得多，则每年测 1～2 次，氮肥推荐施肥量则根据经济效益和产量来决定。

2. 施肥指标体系建立

为建立合理的施肥指标体系，各州都针对不同的作物、轮作模式和耕作模式开展了大量的、长期的肥效田间试验。如氮肥肥效试验从 1983 年起延续至今。新墨西哥州立大学和爱达荷州立大学都在本州不同地区建有试验站，爱达荷州的一些试验点已坚持了 27 年。通过田间试验观测土壤养分变化情况和利用情况，为建立合理的施肥指标体系提供依据。值得一提的是，美国各州的大学、农业厅之间，有关土壤分析和田间试验的数据和资料是互相交流、共享的，大大降低了工作成本，提高了工作效率。

3. 施肥方案推荐

在向农民推荐施肥方面，美国各州都建有计算机推荐施肥专家系统。但系统在制订施肥方案时考虑的因素有所不同。如新墨西哥州的系统则将土壤养分测定结果、田间试验结果和经济效益分析、环境保护因素等多方面因素综合考虑后制订出推荐施肥方案。农民在当地农技推广部门的指导下，从自己的农场取土，并填写好有关生产情况调查表，一起寄到州立大学的土壤试验室分析。一个测定 pH 值、磷和钾的土样，一般收费为 7 美元左右。分析结果出来后，大学的农技推广部门或当地农技推广部门将为这位农民提供一份推荐施肥方案。

二、农药技术概况

在农药应用方面，农场主可以得到各种科学的咨询，提高效率和减少污染。但是，近年来，由于考虑到环境和生态保护，许多化学药品的使用受到了严格的限制，长效、低毒、低残留的农药得到了高速发展。与此同时，随着生物技术的进步，生物防治技术迅速发展，农药的使用量有所减少。在介绍农药使用情况之前，有必要对美国农药销售情况进行简单说明，以从侧面对农药使用情况进行一定的了解。

（一）农药的销售情况

1. 20 世纪末

一般而言，美国农业的原则是基于国际自由竞争保持贸易经济性。可是由于推行高利率经济政策使美元升值，因为美国普通农民贷款率较高，付出的利息总额就增多了。再加上连年丰收而对外国的出口却有所减少，这就造成农作物销售价格的下跌，破产户逐渐增加，使农民处于艰难的苦境。1983 年美国联邦政府在全国实施了减产政策，农药销售量也随耕种面积的减少而成比例减少。农药用量上升的另一个原因是采用少耕法来防止水、风造成的表土流失，尽可能减少拖拉机的耕作次数。因此就需要大量使用农药，尤其是除草剂。可以预料杂草增加的同时，害虫和病原菌也会增加。

从一般的农药销售情况看，80 代年以来用量迅速增加的除草剂增长率略有下降，预计它与杀虫剂、杀菌剂的最终比例将达到60：35：50。新农药的登记经历了 20 世纪 70 年代的混乱以后已趋于稳定，美国环境保护局以积累的经验公布了各种登记准则和范例，使登记的途径和方法也逐渐稳定下来。此外，作为农药登记基础的"杀虫剂、杀菌剂和杀鼠剂的联邦管理法（FIFRA）"也正在考虑对类似作物的分类、有关量的问题和非食用作物农药等方面逐步加以简化。连毒理学方面也能看到实用化上的进步。例如有关致癌的问题，即使在学术理论上解释也是困难的，于是就采取灵活的政策决定以促进剂原理作假设，大致采用分阶段模式。并规定登记中所使用的资料数据的所有权归申请者所有，予以保密和保护。

从农药销售情况来看，老农药品种的销售量一般都比较稳定，一旦在市场站住脚跟，安全性也由实践所证明，那么即使专利期满市场仍将是稳定的，新来的竞争者要想插足进来是困难的。特别是在已确立农业使用方法的范围内，这种倾向很强烈。市场销售情况好而又有完善销售网的公司取得理想的成绩。呋喃丹、马拉松、二嗪农、对硫磷和甲基对硫磷销售情况都很稳定。但是一种新类型农药的上市，就要经历长时间的激烈竞争方能趋于稳定，合成拟除虫菊酯类杀虫剂的情况便是一个很好的例子。

2.21 世纪初

根据美国 CropLife 公司提供给 PHillips McDougall 的数据显示：2005 年美国杀虫剂和杀菌剂销售额的增长足以与除草剂的销

售额下降相抵消，从而使 2005 年美国的农药销售额增长了 2%，达 65.15 亿美元。新的分析数据中还包括生物技术产品的销售额，该部分产品 2005 年销售增长了 6.1%，为 39.09 亿美元。两项相加，那么 2005 年美国植保化学品及生物性状的销售额为 104.24 亿美元。到 2006 年，美国除草剂销售额下降了 4.2%，为 41.25 亿美元，占美国农药市场销售额的 63.3%；杀虫剂和杀菌剂的销售额则分别增长了 9.2% 和 13.8%。

玉米和大豆仍为美国最大的农药市场，占农药总销售额的 37.7%。2005 年美国大豆除草剂销售额下降了 8.9%，为 8.11 亿美元；而玉米除草剂销售额下降了 8.2%，为 12.39 亿美元；玉米杀虫剂销售额增长了 25.2%，为 3.38 亿美元。棉花继续成为美国的第三大植保市场，棉花用农药销售额增长了 8.3%，为 7.20 亿美元。棉花除草剂销售额与上年持平，为 2.69 亿美元，而杀虫剂销售额下降了 24.3%，为 3.78 亿美元。

根据 PHillips McDougall 统计数据显示，2007 年，整个美国农药市场销售相对平稳，销售额达 60.77 亿美元，同比增长 0.8%。其中，玉米用杀虫剂增长了 25%，补偿了其他作物用药的减少。生物技术产品的销售额达 49.98 亿美元，同比增长 15.1%，使得整个农药及相关产品市场的销售额达到 11.075 亿美元，同比增长 6.8%。在农药各种类的销售中，除草剂销售额达到 39.14 亿美元，同比增长 0.9%，占整个美国农药市场的 64.4%，杀菌剂和杀虫剂销售额也稳步增长。玉米和大豆用药占美国农药市场的 45%。大豆用除草剂销售额达到 7.3 亿美元，同比增长 11%，玉米用除草剂销售额达到 13.85 亿美元，同比增长 21.5%，玉米用杀虫剂销售额为 3.2 亿美元，同比下降 1.5%。棉花用杀虫剂市场回落了 15.6%，销售额达 5.58 亿美元，棉花用除草剂销售额同比下降 19％，棉花用杀虫剂销售额同比下降 16.3％。玉米和大豆用生物技术产品占整个生物技术产品销售的绝对优势。2007 年，玉米和大豆用生物技术产品占据市场主导地位，约占整个生物技术产品的 95％。

（二）主要作物的农药使用

20 世纪末，美国农业部的国家农业统计服务机构对玉米、冬小麦、大豆、棉花 4 种作物在 1994 年的农药使用情况进行了调查。结果表明，在美国用药最多的作物为玉米，其调查面积为 3.75 亿亩，农药使用量为 6.238 万吨。其中除草剂为 4.848 万吨，占 92.7％；杀虫剂 0.390 万吨，占 7.3％。在除草剂中，以莠去津、草净津、甲草胺的用量最高，共占农药总量的 85.6％。用药量占第二位的作物为棉花，调查面积 6000 万亩，农药用量 6908 吨。其中除草剂 865 吨，占 12.5％；杀虫剂 6043 吨，占 87.5％。棉花上用药特点为以杀虫剂为主，其品种又多达 20 种。其中拟除虫菊酯类杀虫剂 8 种，有机磷类 7 种，氨基甲酸酯类 4 种，其他类 1 种。这说明棉花的用药水平很高。在棉花上，用量大的品种仍为常规杀虫剂，居前三位的分别为甲基对硫磷、丙澳磷和涕灭威。它们的用量占杀虫剂总用量的 71.3％。在 1995 年，美国棉花杀虫剂市场的销售额达 5.63 亿美元，比 1994 年增加 34.5％，达到近 6 年来最高水平。但在 1996 年美国棉花种植面积下降，农药用量也下跌。用药量占第三位的是大豆，调查面积 2.64 亿亩，主要使用除草剂，达 3087 吨。主要品种为甲草胺，占除草剂总用量的 92.6％。在四大类作物中，以冬小麦使用农药最少，调查面积 2.07 亿亩，使用农药 788 吨，其中除草剂 236 吨，占 32％，杀虫剂 502 吨，占 68％。除草剂的主要品种为禾草磷，占 98.7％；杀虫剂主要品种为毒死蜱，占 49.4％。

进入 21 世纪后，美国在农业、生物技术、农药方面的总体情况是：

（1）由于生物技术的迅速发展和耕地的逐年减少，美国农药的销售额以每年 2.5% 速率下降。

（2）遗传工程产品在农药市场中所占份额超过专利产品所占份额。

（3）精密农业营业额的 85% 来自服务社的销售。2000 年，由于耐除草剂品种的普遍推广，使大豆除草剂的年销售额减少 4.42 亿美元；玉米除草剂减少 0.6 亿美元。

同时，苏云金杆菌在玉米和棉花上的发展，使农药使用费减少 0.57 亿美元。在 1996 年，美国生物技术产品的销售额达 100 亿美元，而农业生物技术产品为 2.85 亿美元，到 2001 年达 7.40 亿美元，2006 年 17.0 亿美元。同时，到 2005 年，生物技术使化学农药的销售额减少 8.2 亿美元。

我们以水稻使用农药为例。根据美国农业部 2006 年进行的调查：异恶草松（clomazone，又称广灭灵）和敌稗（propanil）是目前美国水稻作物使用最广泛的除草剂，2006 年约有 50% 和 46% 的水稻面积分别使用异恶草松和敌稗。而 2000 年由美农业部进行的调查，其数据则分别为 32% 和 62%。除草剂二氯喹啉酸的应用面积没有多大变化，2006 年为 24%，而 2000 年为 25%。2006 年水稻使用草甘膦的面积为 23%，而 2000 年仅为 12%。2006 年水稻使用咪唑乙烟酸（Imazethapyr，又称普杀特）的面积也为 23%，但此除草剂在 2000 年基本没有使用。BASF 在 2001 年才开始向稻田引入耐咪唑啉酮类（imidazolinone）水稻除草剂。2000 年禾大壮（molinate）是美国第三个用量最大的稻田除草剂，占处理面积的 29%，而 2007 年则降至 4%。

2006 年对美国部分地区水稻种植面积进行的调查表明：在美国 6 个州的 280 万英亩的水稻面积中约有 95％的面积使用了除草剂。而在 2000 年 5 个州的 290 万英亩水稻中有 98％面积使用了除草剂。而且调查还表明：水稻使用杀虫剂的比例比除草剂低，如 2006 年使用杀虫剂比例为 21％，2000 年为 22％。2007 年使用最广泛的杀虫剂有高效氯氟氰菊酯（lambda-cyhalothrin，9％），乙体氯氰菊酯（Zeta-cypermethrin，6％）和甲基对硫磷（4％）；2000 年使用最多的杀虫剂为高效氯氟氰菊酯（13％）和甲基对硫磷（9％）。

同时，需要说明的是，普通产品（非专利产品）在农药中所占比例正日趋增大。1989 年，此类产品仅占农药总销售额的 14％，到 1994 年已达 37％，到 2005 年则达 67％，超过了专利产品。在美国，由于生物技术的发展和耕地的减少，美国化学农药的销售额将逐年下跌，这样使普通产品市场的增长就会更加明显。

（三）农药的使用管理

美国国家环保局（EPA）在进行农药登记时，根据其对环境、人类的风险评估，将产品分为两类："一般性使用产品"和"限制性使用产品"。《联邦杀虫剂、杀菌剂、杀鼠剂法》（FI-FRA）认为，"一般性使用产品"是那些被认为较为安全的，若按标签使用，不会对人类和环境有重大影响，使用技术要求不高的农药产品。"限制性使用产品"则是那些被认为对环境和人类风险较大的，或使用技术要求较高的，即便是按标签指导使用也会对人类和环境产生负面影响或达不到使用效果的农药产品。"限制性使用产品"目前约占整个登记产品总数的 1/4。EPA 根据 FIFRA 的要求对农药的使用均需通过一定培训程序，使其具备相应的正确使用农药、最大限度地减少其负面影响的能力，各州农药管理机构负责本辖区农药使用管理的具体工作。州制定相应法规，并有权在执行 EPA 基本要求的前提下，根据自己的情况制定相应的条款，但不能低于 EPA 规定的最低标准。州国立大学配合州农药管理机构进行农药知识普及和使用技术培训，EPA 则给予大学以资金支持。

现以印第安纳州为例，说明美国农药使用管理的具体情况。印第安纳州化学品办公室（OISC）是该州负责农药管理的机构。依据"印第安纳农药使用法"（IPUAL）对农药使用实施管理。该法的主要内容包括：农药使用者必须在经过培训或自学，通过考试，确认具有正确使用的技能后，发给使用资格证书。持有使用资格证书的个人如欲进行农药使用的商业性服务，需办理使用执照；进行农药使用商业性专业服务公司除其雇员需持有使用执照外，公司还需办理营业执照。无论是个人使用者还是商业性使用者，在使用农药过程中，均需进行至少 2 年的使用情况记录。该州国立普渡大学"合作推广服务和农药培训中心"通过"普渡农药项目"及其县级分支推广机构负责农药知识普及和使用技术培训，OISC 负责使用资格证书、使用执照及营业执照的发放并追踪使用记录。下面对使用资格证书、使用执照及营业执照的办理及使用记录的追踪等作简要说明。

1. 使用资格证书

资格证书分为私人使用资格证书和商业性使用资格证书，其办理程序也有所不同。私人使用资格证书这类使用者主要是农民，他们在自己拥有的土地上或在租借的土地上或通过一定合同形式在其他土地上使用农药，生产出的农产品作为商品出售。他们欲获得资格证书，一般需参加普渡大学"合作推广服务和农药培训中心"的核心内容培训。培训内容包括害虫的一般生物学知识、产品选择、使用者的安全、环保、标签理解、与农药使用有关的法规等。培训后进行闭卷考试，凡考试通过的或者虽然未经培训，通过自学也通过了考试的，均由 DISC 发给使用资格证书。普渡大学在每年冬季和早春几个月进行这样的培训和考试活动。获得证书的个人可以合法地购买并在他们自己的土地上使用"限制性使用产品"，但是，熏蒸剂除外。若欲使用熏蒸剂，须通过附加的考试，在证书上作特殊注明。另外，持资格证书的私人使用者不能作为被雇者在别人的土地上使用农药。资格证书有效期为 5 年，期满前可再次参加培训并通过考试更新资格证书。若在 5 年有效期内参加过 3 次个人使用者使用资格培训，可以免考获得更新资格证书。商业性使用者资格证书指那些在城市、森林、养老院、工厂、居民区、农村等区域以使用农药获得报酬的使用者。这类使用者若要获得资格证书需经过两个步骤：首先要通过 OISC 组织的核心内容考试，然后参加单项分类应用领域的考试。考试内容包括：害虫的鉴定和生物学、农药的使用技术和化学性质、使用器械和校准、人体安全性、环境和有关法规等。只有通过了核心考试，且至少通过 1 种单项考试后方能拿到使用资格证书。如果愿意，可以尽可能多地参加单项分类考试，以获得多种类别的资格证书。该州农药的商业性使用分 15 个类别：

1a 类：农作物有害生物的防治；1b 类：农畜有害生物防治；1c 类：水果、蔬菜和干果的有害生物的防治；2 类：森林有害生物的防治；3a 类：观赏作物有害生物的防治；3b 类：草坪有害生物的防治；4 类：种子处理；5 类：水生植物有害生物的防治；6 类：公共交通场所包括公路、铁路、河流、停车场、飞机、火车、汽车等道路和交通工具的有害生物的防治；7a 类：居民区、老人院、养育院、收容所及非食品工厂有害生物的防治；7b 类：建筑物有害生物的防治；7c 类：食品加工过程有害生物的防治；7d 类：熏蒸剂；8 类：卫生害虫防治；9 类：使用飞机防治有害生物。

若商业性使用者欲申请在特殊的小领域进行服务，如清理下水道、木材防腐等，则无须经过 2 轮考试，1 次考试便可给予限制性服务使用资格证书。商业性使用资格证书有效期亦为 5 年。通过再考试或积累持续教育学分（CCHs）的方式获得更新。CCHs 是通过参加推广性的、专业性的和工业性的培训班获得 OISC 的学分。各类使用资格证书持续教育所需的学分有所不同，但要获得单项资格证书更新，大体只需不到分类项目总学分的一半便可。CCHs 体系旨在鼓励商业性使用者不断学习，保持与不断变化的形势同步，拓展技能。

2. 使用执照及营业执照

获得使用资格证书的个人和公司，若欲进行使用农药的商业性服务，则需办理农药的使用执照和营业执照。（1）个人商业性使用执照这类执照分 3 种类型。商业性服务公司（如草坪服务公司）的雇员执照，这类使用者作为公司雇员对外服务；非雇员执照这类使用者仅服务于其雇主的私人领地，不对外服务；公共场所使用执照这类使用者为当地政府的雇员，其职责包括使用或指导他人使用"限制性使用"农药。如在城市公园及高尔夫球场用药、卫生害虫防治、道路杂草的防除等。（2）公司营业执照从事农药使用商业性服务的公司需要在 OISC 办理营业执照。营业执照的申请人或其雇员必须具有农药使用资格证书和符合该公司服务项目的使用执照。营业执照和使用执照是 2 个不同概念，必须分别办理。营业执照和使用执照有效期均为 1 年，有效期至每年的 12 月 31 日，到期须更新。个人使用执照属其所在公司财产，若持照人离开所在公司，使用执照失效。若服务于新的公司需在取得使用资格证书的基础上重新申请使用执照。

3. 追踪使用记录（IPUAL）

无论是私人使用者或商业性使用者，在取得农药使用资格后，均需按 OISC 的要求记录至少 2 年的农药使用情况。记录内容包括使用者的姓名、使用证明号码、服务对象或地点、用药日期、用药面积、作物名称、防治对象、所有药剂（商品名称、EPA 登记号、生产企业）、用药量等。IPUAL 对农药的使用还有一些特殊条款。如未取得使用资格证书和使用执照的个人，无论是进行私人使用还是商业性使用，只要年满 16 岁，有一定文化知识，能够准确理解标签内容，可以在取得资格证书及执照的人员直接指导下（亲自到现场或通过电话、广播、书面指导等形式）从事农药使用活动。同时规定，使用者和指导者必须是同一公司的雇员，在农药使用方面具有紧密的工作关系。但是，从事飞防、木材防腐的人员必须是持证人员，并且，非持证人员从事前文所述 3b 类和 7b 类在人类居住环境使用农药的，必须在有持证人员现场指导下用药，电话、广播、书面等指导则属不合法。该州还对 3b 类和 7b 类的使用实施注册技术员制度，具体情况不在这里详述。

通过上述严格的、法制化的管理模式，安全、合理用药，保护环境、促进健康已在印第安纳深入人心。通过上述培训和管理程序，也给使用者提供了非常有益的受教育的机会，促进了农药使用向专业化迈进。

第二节　土壤改良技术

一、土壤现状与问题

1934年美国"黑风暴"事件后，美国国会宣布国家处于土壤侵蚀的紧急状态。政府进行土壤侵蚀清查，开始重视土壤侵蚀的研究，向农民大力推荐土壤保护的措施，并颁布了一系列法案，建立了许多土壤保护项目，经历了由注重减轻土壤侵蚀，增加农业土壤生产力到减轻农业对环境影响的转变。

70多年来，美国在防止土壤侵蚀、进行土壤保护上投入了大量的人力、财力和物力，土壤侵蚀得到了有效的控制。目前，土壤侵蚀在美国虽然已不像20世纪30年代那样对美国农业构成直接威胁，但在一些地区，土壤侵蚀引起土地生产力下降、化肥需求量增加的现象依然存在。特别是农业土壤侵蚀对水体的淤积、污染、富营养化等，越来越引起人们的重视。据估计，1992年美国土壤侵蚀平均每年每英亩（一英亩约等于6亩）3.6吨，全国每年土壤侵蚀量达69亿吨。全国3.82亿英亩耕地和3.98亿英亩牧场占美国国土面积的40%左右，其土壤侵蚀数量占总数量的62%，耕地是土壤侵蚀的主要发生源地。

1992年美国国家资源清查结果表明，强烈侵蚀耕地面积达1.05亿英亩，占总耕地面积的27%。强烈侵蚀耕地土壤侵蚀量当年为每英亩11吨。与之相比，非强烈侵蚀区，每英亩土壤损失3.4吨。1992年的土壤侵蚀与1982年相比有所减轻。1992年近1/3的耕地定为强侵蚀区，每英亩土壤侵蚀量为14吨，其侵蚀量占土壤侵蚀总量的57%。

片蚀和细沟侵蚀及风蚀是土壤侵蚀的主要类型。70多年来，美国政府采取了一系列措施控制其发展。特别是在颁布了粮食安全法后，重点对强烈侵蚀耕地进行治理，使其侵蚀程度明显减轻。即使是有更多的耕地种植比密生作物（如小麦、燕麦、大麦、稻谷）更易发生侵蚀的条播物（如玉米、高粱、烟草、大豆、棉花、花生、马铃薯），土壤侵蚀量仍在减少。如1992年，条播作物面积占耕地面积的45％和细沟侵蚀为每年每英亩3.1吨。与其相比，1987年和1967年条播作物面积占耕地面积分别为39％和37％，而土侵蚀量为每英亩3.7吨和5.9吨。不过牧场和草地的侵蚀控制则不太明显。在早期的土壤保护中，土壤侵蚀减轻主要表现在西部风蚀地区。1990年以后，70％的土壤侵蚀减轻表现在东部地区的水蚀上。

土壤侵蚀减轻的潜在效益如何？除去增加土地生产力，改善水质和减少大气中的尘土外，土地保护区项目（CRP）使一些土地退耕，扩大了野生生物的栖息地，减少了一些商业项目的投资，同时给参加项目的农民提供了10年可靠的收入来源。有人估计全国从4500万英亩的CRP项目上获得净收益30亿～110亿美元。CRP项目从减少肥料和其他化学物用量上使不少地区的地下水质得以提高。还有人估计，如果85％的强烈侵耕地进行一定的保护，水质、空气质量和土地生产力的收益会超过生产者和政府在这些地区的投入。并且水质和空气质量的潜在效益是非常重要的。然而，也有不少人对CRP项目在全国许多县退耕20％～25％的耕地以致是否影响地方经济产生担心。一些专家用投入—产出模型对这些地区进行评价，结果表明，CRP项目在这些地区不会严重影响地区的经济活动。CRP项目的支出会大大地补偿被减少的经济活动。

土壤侵蚀减轻的重要原因之一是被侵蚀严重耕地面积的下降。侵蚀严重耕地是指侵蚀程度超过 T 值（即侵蚀可忍耐，超过此值，生产力就会下降）和那些提供大量泥沙和其他污染物对水体有危害的土地。在 20 世纪 70 年代末和 80 年代初，联邦政府的资金和技术过多地投向侵蚀较轻和中等的土地，致使侵蚀严重的地区得不到大量的资金和技术进行治理。到 20 世纪八九十年代，治理的重点开始转向侵蚀严重的地区。据统计，在 1987 年和 1992 年间，侵蚀严重的土地面积减少 1000 多万英亩。保护性耕作是减轻土壤侵蚀的常见的有效措施。它是指在侵蚀强的地区，通过免耕、少耕、垄作、间作套种或覆盖等措施，在播种后至少 30% 的地表被植物秸秆覆盖。高密度秸秆覆盖——即 70% 的地表被秸秆覆盖——的耕作面积近来不断增加。其他常见的保护措施有牧场和草地管理、灌溉管理、梯田、等高种植、草地水道、条播作物密生作物轮作、种植与休闲或牧草轮作等。

然而，土壤保护中还有一些问题需要解决。例如，一些农民低估土壤侵蚀的严重性。虽然他们知道土壤侵蚀在全国某些地方问题严重，但是认为在自己的土地上不明显，不愿意使用土壤保护技术。并且由于化肥和杀虫剂用量的增加，作物产量因此也有增加，使他们更加忽视土壤保护。另外，市场导向和经济利益的驱使，也使农民不愿意采取保护措施。他们采取保护措施时考虑更多的是市场、利润和措施的经济效益。如果保护措施的费用高、效益低和风险增加，他们不可能采用。即使采取的措施具有长远利益，而眼下利益不明显，或是短期租用土地，他们也不愿用。特别是由于市场需要，有些商业性项目鼓励农民种植某种作物，采取价格优惠或降低风险的策略，这就引导农民种植这类作物。要么此类作物更易引起土壤侵蚀，要么农民在易侵蚀的土地上种植。价值高的商业项目作物又激励农民大量使用化肥、除草剂和高产技术。美国政府已注意到这个问题，正通过农业政策的改革、税收刺激等措施，消除农业商品项目与土壤保护之间的不一致性，鼓励农民投资水土保持。

二、土壤科学与土壤改良技术

据有关资料报道，目前，从土壤学研究的整体水平看，美国是世界上土壤学研究最发达的国家之一，其土壤学研究力量雄厚，经费充裕，不但研究的面广、量大，而且在许多领域都有很高的水平，例如在土壤诊断分类学理论及土壤系统分类、土壤普查等，都处于世界先进水平。美国创造的土壤少耕、免耕理论与技术风靡全球，对世界农业发展和土壤保护起到重要作用。

（一）土壤基础和应用基础科学重点研究领域

主要包括：

1. 土壤分类

诊断层和诊断特性；数值分类应用和土壤分类专家系统的研究与开发。

2. 土壤资源调查与利用

建立电子计算机化的土壤数据库。目前，美国已开发出数个土壤数据库。

3. 土壤物理化学

水分性质、水热机制、土壤通气性、土壤团聚体稳定性、土壤有机成分及土壤有机化学过程。

4. 土壤生物学

当前在美国，土壤生物是最活跃的研究领域之一，主要内容包括：

（1）生物固氮。豆科生物固氮侧重于研究高效固氮微生物的选育。对大豆根瘤菌研究的目标是选育高固氮量（80斤/亩）的菌种，并筛选含氢酶活性高及耐氮肥的菌株。在联合固氮细菌方面，美国更多注重于研究泌氨的自生氮菌突变菌株，使其与玉米根紧密结合以提供固氮源。此外，大力应用遗传工程技术开辟固氮新途径。

（2）菌根。泡囊丛枝状菌根对植物生长和磷吸收的影响，对植物抗干旱、碳代谢的影响等。土壤微动物区系、微生物及土壤酶学也是重点研究的领域。

（3）土壤耕作研究的中心正在从耕翻土地向解决机械耕作中对土壤压实问题转移。研究的重点是机械压实对土壤和作物生长带来的不利影响，寻求解决不利影响的途径。

（4）水土保持技术措施主要研究减少耕地及草地水土流失及控制土壤沙化、盐碱化、水蚀及风蚀等。美国创造的土壤沙耕、免耕法对保护土壤起着重要作用。当前，美国的少耕、免耕的土壤面积约占其耕地总面积的34％左右。

（二）美国主要的土壤改良技术

1. 盐碱土改良

即对盐碱土改良主要来自水利改良、农业技术、生物改良和化学改良4种措施。

水利改良：以暗管代替明沟排水，提高了排水淋盐的效果；农业技术及生物改良：把深翻土壤作为盐碱土改良的重要手段之一，已收到良好效果。此外，培育和选择耐盐作物和品种在美国受到重视，并取得了许多研究成果。如美国的亚利桑那大学向世界各地收集了数千种盐生植物，有数种可望作为新的粮食作物；化学改良：近年探讨用硫酸和硫酸镁快速中和土壤碱，获得良好的改良效果。

2. 酸性土壤改良

对酸性土壤改良主要采取两种措施：一是种植耐酸多年生牧草或其他植物；二是施石灰石、硅酸盐和酸化磷矿粉。

三、美国的土壤污染防治体系

(一) 土壤污染防治的法律手段

法律是政府管理的基本依据。《综合环境污染响应、赔偿和责任认定法案》(Comprehensive Environmental Response, Compensation and Liability Act) 是美国污染防治体系的法律基础。依据该法，美国政府建了名为"超级基金"的信托基金，旨在对实施这部法律提供一定的资金支持。故常将《综合环境污染响应、赔偿和责任认定法案》称为"超级基金法"。在该法颁布后，针对环境问题发展过程中出现的新问题，美国也陆续颁布了一些修订版和补充法案，如《超级基金增补和再授权法案》(Superfund Amendments and Reauthorization Act，SARA) 以及《棕色地块法》(Small BusinessLiability Relief and Brownfields Revitalization Act)。超级基金法是针对土地受污染后责任认定的法律。1984 年 SARA 作为第 120 章节加入到超级基金法，起到对超级基金法的重要补充作用。SARA 主要就政府所有的土地或设施的环境污染治理作了说明和要求，使得超级基金法适用于联邦政府所有的土地或设施的环境污染治理。

由于超级基金对污染责任的严格规定，阻碍了企业对受污染场址即"棕色地块"的重建和再利用。美国环境保护局认为，由于人们对被污染地块的污染程度认识不清和对于造成污染并导致形成棕色地块的可能责任认识不清，以及担心超级基金法所规定的强制清洁责任，成为私人部门介入棕色地块治理过程的障碍。在此背景下，美国环保局对超级基金法进行了修改，即《棕色地块法》。这部法案阐明了污染的责任人和非责任人的界限，并制定了适用于该法的区域的评估标准，保护了无辜的土地所有者或使用者的权利，为促进棕色地块开发提供了法律保障。

（二）土壤污染防治经济手段

1. 污染付费原则

政府根据超级基金法有权要求造成污染事故的责任方治理土壤污染，或者支付土壤污染治理的费用。拒绝支付费用者，政府可以要求其支付应付费用 3 倍以内的罚款。如"腊夫运河污染事故"中，污染者共赔偿受害居民经济损失和健康损失费 30 亿美元。

2. 税收政策

超级基金的来源主要有两个：对特定的化学制品（每吨征收0.22～4.87 美元）、石油及其制品的生产或进口（每桶征收 0.79美分）征收环境税，这部分占整个资金来源的 86%，剩余 14% 的资金由美国政府提供。美国环保局将这些资金用于支付环境责任难以认定的土地环境污染事故的修复费用。美国以税收方面的优惠措施，刺激私人资本对棕色地块治理和再开发的投资。据规定，用于棕色地块污染治理方面的开支，在治理期间，免征所得税。这项法律规定对于吸引私人资本起到了关键的作用。据政府估计，在 1 年的税收收入中，因为税收方面的刺激措施而减少 3亿美元的收入，但却能因此吸引 34 亿美元的私人投资用于衰落社区的治理和复兴，使得 8000 个棕色地块恢复了生产能力。

3. 政府补助及基金作用

美国还积极采用补助金和基金手段来推动社会团体参与到土

壤修复。1994年实施"棕色地块经济自主再开发计划"，该计划提供4种补助金，即"棕色地块修复补贴"、"棕色地块评估补贴"、"棕色地块周转性贷款补贴"以及"棕色地块环境培训补贴"。"棕色地块修复补贴"是该计划的基础，为环境评价、修复和工作培训提供资金支持，用于支持非营利性项目修复及开发场址。"棕色地块评估补贴"为棕色地块清查、规划、环境评估和与周边社区居民交流活动提供资金。"棕色地块周转性贷款补贴"为修复污染提供资金。"棕色地块环境培训补贴"用于支持社区居民环境知识培训。

（三）土壤污染防治的行政管理手段

根据超级基金法和土地资源管理目标，美国建立了相应的土壤污染防治体系和管理机制，包括土壤污染调查管理框架，以及该框架下的延伸管理体系。首先是受污染土壤的调查和后续管理框架。假如怀疑某一地块受污染，该地块的相关信息就会被输入到综合环境污染响应、赔偿和责任认定信息系统。美国环保局会按照一整套程序评估目标地块污染的危险性。

1. 污染调查阶段

场址环境评估阶段是污染调查主要部分。评估主要包括3个程序：初步评估、场址调查和建立危险分级体系分库。初步评估时，美国环保局收集和评估现有的场址资料（例如场址使用历史、饮用水源、周边的人口）确定场址是否存在或潜在存在危险，并确定是否需要进一步调查。在场址调查阶段，美国环保局和其他有资质机构通过现场采样调查和实验室分析等，确认场址污染，污染物是否进入了周边环境，以及场址受污染或潜在污染的程度和风险评价。危险分级体系是判定土地环境污染程度的基本准则。HRS值主要包含废弃物特性及其暴露途径（例如地下水、表面水体、土壤和空气）以及潜在危害目标物（如人体或敏感环境）等几个方面，评估场址对人体和环境造成的危险程度。根据 HRS 值大小确定场址是否需要进一步调查评估。如果场址不需要开展进一步修复评价，仍需要进行超级基金的污染清除评估。由于资金有限，为了使更多的受污染土地得到治理，美国建立了优先控制场址名单（National Priorities List，NPL）制度。超级基金只支持 NPL 上的场址。通常建立 NPL 的程序：首先由联邦土地登记处推荐待评估的土地名单。由环保局或委托有资质机构初步场址环境评估，如果场址的 HRS 值大于 28.5，则进一步评估。影响场址进入 NPL 优先等级的因素包括：土地环境污染对人类健康或敏感环境的危害程度大小，是否需要应急反应，州政府等对修复土地污染的支持力度，以及修复者的管理能力等因素。

2. 污染治理后阶段

20 世纪 90 年代，美国环保局改革了超级基金的管理程序，其中污染治理构筑物竣工名单（Construction Completion List，CCL）制度是最重要的一项措施。根据 CCL 制度，土地污染修复达到以下条件后，可以列入竣工名单：所有污染治理必须的构筑物竣工，无论场址污染治理是否已经完成，或者是否达到其他的一些修复要求。美国环保局已经认定污染治理必须的构筑物修建不会影响后续的场址治理工作。满足"NPL 除名制度"要求的场址：（1）场址上所有修复或相关措施都已完成，所有修复目标都已达到；（2）美国环保局有责任与州政府一道管理场址筛选过程；（3）被删除的场址还需要有一个为期 5 年的保护后评估。此外，对政府所有土地污染修复可以按照"联邦政府所有财产污染修复、重建或在利用计划"进行。对石油或危险品的地下储藏设施及其连接管道的污染责任在《资源保护与修复法》作了专门规定。

（四）土壤污染防治技术保障

为保障土壤污染防治体系和管理机制有效执行，美国还制定了一些规则或技术规则，专门指导和规范土壤环境调查，作为环境管理制度实施的技术依据和保障。其中，第一阶段和第二阶段场地环境评价的标准惯例（E1527，E1528）是专门用于指导场地调查过程的规范。这两部标准正式颁布于 1993 年，目前都已经过 3 次改版。为满足对场地环境评价和场地环境修复的特殊要求，还制定了很多技术规范和指南。此外，针对土壤和地下水评价的数字模拟模型颁布了技术指南 E1689～2003。

近年来美国繁荣的土壤修复市场，说明超级基金的成功，以及对土壤污染预防与治理工作的重视。自实施超级基金计划以来，共清理有害土壤、废物和沉淀物 1 亿多立方米，清理有害液体、地下水、地表水共 12906.85 亿升。同时，该项目还为数万人提供了饮用水源。并且，由于资金能够得到保证，使得在采用高新技术治理土壤污染方面取得了重大成绩。

综上所述，美国现有的土壤污染防治体系比较健全，涵盖面也很广泛。灵活运用各种手段和方式成功动员了社会各方面的力量和资源，促进了土壤污染修复和土壤环境保护。美国超级基金的成功运行和实施将为我国土壤污染防治体系的建立提供可靠的经验和成熟的技术借鉴。

第三章　美国的农业生物技术

第一节　农业生物技术概况

一、应用简况

农业生物技术是运用现代基因工程技术作为工具，依靠添加或删除特定的基因来取得理想性状，如增加产量、抵抗病虫害、耐不良生长环境（如耐旱、耐盐、耐寒等）、提高营养成分等。其主要研究内容包括：增强农作物以及畜禽鱼的抗性、品质改良、提高产量和生产具有特殊用途的物质等。其中以转基因作物的研究和运用最为重要，发展最快。

美国食品及农业政策中心（National Center for Food and Agricultural Policy），评估美国农民因种植基因作物的影响，其结果显示农药用量大幅减少、产量大幅提高且成本同步降低。尽管生物技术对各农场影响不一，但巨大的经济效应显而易见，这些效益不但使农民受益，而且造福普通消费者，并兼顾环境生态保护。

推动美国农业生产率增长的最重要的因素之一，就是基因改良，包括农作物和牲畜的基因改良。一方面，由于人们对所选择的物种繁殖的基因基础有了更好的理解，并掌握了更好地应用基因知识的方法，传统农作物产量因此大幅增长。在这方面最好的例子是杂交玉米的开发所带来的产量的巨大增长。在美国的大萧条时期，爱达荷州的农民仍然在扩大杂交玉米的种植。到了1940

年，该州 90％的玉米耕种使用杂交玉米。别的州虽然有些滞后，但到了 20 世纪 60 年代时，在全国范围内实际上都采用了杂交玉米的种植。另一方面，在牲畜行业，人工授精使得有选择的繁殖更加有效。人工授精使得具有理想特性的雄性成为更多的广泛繁殖后代的牲畜。比如近几十年出现的引人注目的胚胎移植、克隆技术和基因工程，都具有光明的未来。

可以说，无论是生产率的提高，还是生产产量的增长，现代的农业生物技术广泛应用所带来的成果几乎都和基因工程有关。人们通常所谓基因工程就是从有机体（包括动物、植物、细菌和病毒）中提取一个或几个 DNA 基因片段，并把它组合到某特定的作物品种之中的技术，即 DNA 重组技术。同样的基因在不同的品种中仍然能表现出相同的性状。如细菌的抗盐基因转入到水稻或小麦上，转基因水稻或小麦也会表现出耐盐性状。

在美国，经过数十年的研究与开发，基因工程从一定意义上讲已进入实用商品阶段。这主要表现在转基因技术的广泛应用。所谓的转基因技术，就是利用分子生物学手段，将某些生物的基因转移到其他的生物物种中去，使其出现原物种不具有的性状和功能，或者是某种生物丧失其某些原有的特性。利用这种技术生产出来的生物就称为转基因生物，也可称之为转基因活性生物。转基因技术同传统的物种杂交技术的最大区别在于，要转移的基因可以来自一个与接受基因的物种没有任何关系的物种。凡遗传物质能够再生或转移的生物实体，都是转基因生物，包括转基因植物、转基因动物和转基因微生物等。

在人类科学技术的历史上，转基因技术是 20 世纪 90 年代由美国创造的，是 20 世纪人类科学技术进步的标志性项目之一。随着转基因技术在农业上的应用，从 1996 年到 2001 年，全世界转基因作物种植面积由 170 万公顷增加到 5260 万公顷，2005 年底，已经达到了 9000 万公顷，2008 年则达到了 1.25 亿公顷。而美国的种植面积约为 6000 万公顷，几乎占据了全世界转基因作物种植面积的一半。

美国利用转基因技术种植的主要品种有大豆、玉米、油菜子、棉花、马铃薯、番茄、木瓜、番木瓜等。其中，大豆转基因占的比例最高，达到了全国大豆栽培面积的 92%，种植面积由 2007 年的 2360 万公顷增到 2008 年的 2770 万公顷。此外，玉米的种植比例也是很高的，但由于最近玉米种植面积的普遍下降，转基因玉米种植面积几乎保持未变（2740 万~2770 万公顷）。但种植比例还是上涨了 7 个百分点，占全部玉米种植面积的 80%。从转基因作物的性状来分析，主要是用于抗除草剂、抗虫和抗病毒等。抗除草剂的转基因作物约占 71%，抗虫的转基因作物约占 28%，既抗除草剂又抗虫的转基因作物占 1%。

而在农业以外的其他方面，转基因技术也有广泛应用。比如在美国，生物工程草皮几乎关联着每个家庭，因为大家都有草地。Scotts 公司是全世界最大的草地、草皮及其化肥、农药产品制造商。该公司通过基因改良方法，选育出一个绰号为"低草堆"的草皮品种。该品种生长缓慢，割草周期长，给草地管理带来方便和实惠。另外该公司正通过生物技术培育抗旱性、抗寒性甚至不同颜色的草皮新品种。Scotts 公司认为，未来数年世界草皮的市场容量将超过 100 多亿美元。

二、发展潜力

20 世纪 90 年代初，针对本国农产品国际竞争力减弱，出口数量下降的局面，美国一方面通过主导关贸协定乌拉圭回合谈判，主张降低并最终取消各国农产品关税，取消农产品贸易壁垒，推行自由贸易政策，以解决美国农产品占领国际市场的障碍；另一方面，美国将在世界上占绝对优势的生物技术应用于农业，通过实施以提高产量与质量、降低生产成本为目标的转基因农业战略，继续维持其世界农业强国与农产品出口第一大国的地位。

1991 年 2 月，"美国竞争力委员会"在其《国家生物技术政策报告》中，明确提出了"调动全部力量进行转基因技术开发并促其商品化"的方针政策，并出台了一系列鼓励性措施。此后，美国著名的孟山都、杜邦等化工、医药公司转向生物技术领域，成为商业性开发应用转基因农业技术的主角。生产、销售转基因作物种子，利用获准的转基因作物种子的专利保护（美国专利保护期为 20 年），出售专利技术，通过技术垄断占领市场获取高额利润是孟山都、杜邦等化工、医药公司的主要特点。

目前，美国的转基因农业技术正向世界各地传播渗透并已获得巨大的利润。孟山都等跨国公司通过技术垄断，实施新的国际技术转移以实现其在全球范围内利益最大化的行动，实际上是美国转基因农业战略的一部分，符合美国的整体和长远利益。在这一领域，少数大型农业生物技术企业与巨型谷物流通公司结合，形成转基因农产品研究、开发与销售一体化、网络化，这是美国转基因农业战略的另一个特点。孟山都公司与世界最大的美国巨型粮食企业卡吉尔结合是其典型事例。1999 年 5 月，孟山都公司与卡吉尔公司联合共同投资 1.5 亿美元建立生物农产品开发公司。目前已开发了富含氨基酸营养成分的转基因大豆、玉米等 15 个品种，通过利用卡吉尔遍布全球的客户信息网，从客户处接受所需产品的订单后，与农民签订生产、收购合同并提供种子,再将收获的农产品利用卡吉尔的全球流通网送到客户手中。

由于通过生物遗传信息的转移,使新的转基因生物或遗传改良生物,不断成为动植物的新品系、新品种及其加工后的新食品、新饲料、新农药、新兽药、新肥料等,因此,美国的生产和贸易都在不断扩大。粮食是特殊的商品与战略物资。美国通过稳定并迅速增加转基因粮食产量,以计算机网络通信、生物基因工程等先进技术手段为依托,通过建立快速、便捷的全球农产品与粮食流通网络,形成在全球农产品市场上的巨大竞争力与支配力,从而实现了掌握 21 世纪世界农业与粮食生产流通主导权。

转基因农业作为生物技术产业的一部分,为促进美国农业新经济的高增长速度作出了重要贡献。据美国农业部统计,自 1996年以来,美国的转基因作物种植面积已增长 27 倍多。其中,以头几年面积增长速度最快,如 1997 年、1998 年和 1999 年分别比上年增长 441%、153% 和 40%;近年来增速稍有放缓,如 2001年、2002 年增幅仅分别为 18% 和 9%。2003 年全国转基因作物种植面积达 4110 万公顷,比上年度增长 5.3%。其中玉米、棉花和大豆三种主要转基因作物的种植面积分别为 1279 万公顷、413 万公顷和 2416 万公顷。从三种主要转基因作物种植面积占该作物总面积的比例来看,以大豆为最高,2003 年已达 81%,比上年增加 6%,为历史最高记录;棉花次之,2003 年为 73%,比上年增加 2%,尚未恢复到历史最高水平(1999 年为 74.4%);玉米第三,2003 年为 40%,比上年增加 6%,创历史最高记录。

总之,转基因技术的应用,推动了美国农业的发展,同时在客观上也带动了一批新的行业产生,成为美国经济的新增长点。

三、农业生物技术的潜在风险

农业生物技术也有它的两面性。判断生物技术可能带来的风险，最重要的是要区分风险的性质：技术型风险，即技术本身可能给农产品的食用安全性及自然环境造成危害；技术外的社会型风险，即如何使用生物技术可能会对社会不同成分产生不同的利弊效果。

1. 技术型风险的管理原则

在美国，生物技术的安全性评估，必须就被评估体的特征（主要包括新性状特点、被选材料及新组合品种的环境特征）作上千次的实验和田间试验。其主要原则是个案评估；只作终端（即最终产品）评估，不管中间过程；对试验证明了的、属于低风险的生物技术产品要有政策的灵活性和宽松度。

2. 技术型风险的表现形式

转基因作物是潜在过敏源的源头。转基因作物生产出的食品大都具有某些优点，如富含易消化铁的转基因食品，对体内缺铁的消费者来说无疑是有益于健康的。但这种把一个品种的基因转移到另一个品种内的做法，会使新品种获得某些蛋白的合成指令，这有可能导致人体的过敏反应。因此，对某些坚果过敏的人来说，需要知道转基因食品（如大豆）中是否存有这些过敏基因。这就要求转基因作物在商品化之前必须进行各种试验和评估，并标明其性质。另外，尽管目前无任何试验证据，但人们怀疑转基因食品可能会对抗生素产生抗药性。

转基因作物会造成污染问题。一般来说，靠风力授粉的作物如玉米能传播到很广的范围，并授粉给非转基因作物，从而带来品种混杂等方面的危害。纯种试验公司发现，它们培育出的基因改良新草种，其花粉能飘到 300 米甚至 900 米之外，并与不同的草种杂交产生新的基因改良型品种。最近的研究证明，种植在距转基因番茄地 1.1 公里外的传统番茄，其后代约有 35%～72% 的概率含有转基因成分，转基因成分的高低主要取决于两者间的距离。这就给如何控制花粉传播带来巨大困难。具抗除草剂的转基因作物，其花粉若给野生品种授粉，野生后代将更具耐性，可能表现出强抗除草剂特性。目前，还没有人确知这些农家品种与野生品种间的基因组合概率。

转基因作物导致病虫增强抗药性问题。Bt 是土壤细菌产生的一种对特定昆虫有杀灭功效的分泌物，它对哺乳动物、鸟类、微生物及非目标性昆虫无毒害，是一种安全、有效的天然杀虫剂。孟山都等公司通过转基因方法，将其植入玉米、棉花等作物内，对钻心虫、棉铃虫都有抗虫作用。1997 年转 Bt 基因作物在美国的种植面积约 150 万公顷。但是生态学家担心，这些作物的广泛种植，是否会导致昆虫对 Bt 产生抗性。为减少其可能性，拟采用的办法就是在种植转基因作物的附近，种植一块易虫害的"保护区"品种，以降低害虫产生抗性的机会。美国亚利桑那大学的科学家曾经对当地 Bt 棉种植情况连续 3 年的监测，发现迄今为止棉铃虫的数目并无反弹，也未出现抗 Bt 的棉铃虫。20 世纪 90 年代中期，当基因工程农作物进入商业化的时候，与之有关的争论随之爆发，之后则愈演愈烈。其中心议题是它将给人类社会带来无限好处，还是使农业生态、人类健康滑入壕沟？于是，把转基因作物看做是灭顶之灾的各种指责、请愿、讨伐、游行抗议甚至蓄意毁坏研究设施的事件不断抬头。

1992 年美国食品和药物管理局规定，通过生物技术获得的食品因并未改变食品成分，无须在商品中注明，也没有要求商家作上市前的安全性检测。但面对不断高涨的反对声浪,美国食品和药物管理局已取消原有的规定,即商标中表明的有机食品可包括转基因作物成分的规定。与此同时,有关生物技术议题的"国会安全及标签法案"也被提到参、众两院。

据调查显示,约有 2/3～3/4 的美国人要求生物技术食品在商标中注明,60%的消费者认为,若法律要求生物技术食品必须特加注明,则可以认为这是给人一种非安全食品的警告。因此,从生物技术型大企业到超市连锁店都不愿在商标中注明,以免招致劫难。生物学家认为,社会不应该阻碍生物技术的研究和发展,但政府应建立严格的管理体系,在准许推广应用之前,这些做法应接受严格认真的筛选和试验。

第二节 生物育种技术

美国在推动生物技术四大工程(即基因工程、细胞工程、酶工程和发酵工程)在农业领域应用的同时,也从传统农业步入生物工程农业时代,其中生物育种技术成为这一时代的亮点。

生物育种技术即指以转基因的方法,把不同植物,甚至动物的控制优良性状的基因,转移到所需要的植物或动物中去,实现按人的意志改良作物或动物的愿望。转基因作物培育相对传统作物的有性杂交及无性繁殖技术来说是一种全面的创新,具有缩短培育周期、克服常规育种无法逾越的障碍、促进物种间遗传物质的结合等优点,这一技术的应用大大提高了农作物的产量和农业效率。

从本质上讲,植物基因工程的主要目的与常规育种一致,即创造出优良性状的作物新品种。但自 20 世纪 70 年代以来,美国利用基因育种技术，培育出了一批具有高产、抗虫、抗病、抗旱涝等特征的农作物品种。例如，利用基因工程技术，把一些高蛋白基因引入谷物作物，获得高蛋白小麦和高蛋白玉米，有助于解决人类食物紧缺问题；将细菌的杀虫基因转入到棉花中，使棉花能够抗棉铃虫；将冷水鱼的抗低温基因克隆到番茄中，得到抗冻番茄，使番茄的生产期延长。利用细胞移植技术，将花蕊、子房或其他组织离体培养出再生植株，获得多种稳定的、有某种优势的品系，大大提高了培育优良品种的速度；通过植入固氮微生物的基因，使谷物等非豆科作物产生固氮能力，减少对化肥和非再生能源的依赖，提高单产和蛋白质的含量等。

由此可见，生物育种技术的确具有很大的应用空间。就转基因作物的品种培育情况看，目前美国的玉米、棉花、大豆、油菜、马铃薯、番茄、甜瓜、水稻、亚麻、甜菜、南瓜、木瓜和菊苣等作物均已有可供商业化种植的转基因品种。据 FDA 公布的最新资料，美国目前经过批准投入商业化应用的各种转基因作物品种已达 53 个。其中以玉米品种最多，有 16 个，占转基因作物品种总数的 30%；其次为油菜品种，有 9 个，占 17%。其他依次分别为番茄品种和棉花品种各 6 个，马铃薯品种 4 个，大豆品种 3 个，甜菜和南瓜品种各 2 个，水稻、亚麻、木瓜、罗马甜瓜和菊苣品种各 1 个。在 53 个转基因品种中，有 10 个品种同时导入了两种特性。从育种单位看，孟山都公司共育成了 18 个转基因作物品种，在各育种单位中稳居首位。该公司还是目前美国转基因马铃薯品种的唯一来源；品种数量居第二、三位的是 AgrEvo 公司和 Calgene 公司，分别育成转基因作物品种 7 个和 5 个。这里以美国的玉米育种为例，来简单介绍一下美国在生物育种方面的具体成果。

目前美国的玉米育种研究已形成了如下自然分工：玉米资源的搜集、保存、基因定位、群体改良等基础研究主要在大学里进行，农业部的育种研究人员挂靠在大学里。常规育种基本上在私人公司里进行，具有很强的商业性质。美国各大学的玉米育种研究把主要精力投入到玉米诸多性状的基因定位，现已有 600 个基因被定位在染色体上，并通力合作绘制出基因图谱。美国科学家这种从分子水平上来认识和利用玉米种质资源的做法，把玉米品种资源研究的水平和深度大大向前推进了一步。这无论是对于未来的分子育种和目前的常规育种都具有相当意义。

全美有 400 多个公司销售玉米种子，开展玉米育种研究的有40 余家。其中实力雄厚的是几个著名的公司。一个是先锋公司：公司本部拥有 2000 公顷试验地，每年在研究方面投入约 1 亿美元。该公司在全世界拥有 100 多个试验站，大部分开展玉米育种。玉米杂交种销售量在北美占 40%，是当今世界最大的种子公司。一个是迪卡布公司：玉米育种实力和种子销售量排名第二，约占美国种子市场的 8%。此外，卡吉尔公司和 ICI 公司育种实力相当，仅次于迪卡布而并列第三。卡吉尔公司称在海外销售种子仅次于先锋。该公司是一个拥有 6.5 万名雇员，在诸多领域开展业务的股份制企业，年销售额 50 亿美元，而种子销售额仅为2.8 亿美元。在玉米育种方面，该公司在美国有 15 个育种站，海外有 20 多个育种站。其他一些中小公司一般只有 1～3 名育种家。

由于公司之间实力相差悬殊，异地育种站的数量相差很大。但在一个育种站内自交系选育一般在 3 万～5 万个穗行，产量试验约 1 万份材料，产量测验点 10 个左右。如此规模不是靠增加育种家数量实现的，而是通过小区作业机械化、数据处理计算机化、田间调查的相对简化和提高育种家工作效率加以实现的。

在种子生产方面，原种、杂交种要求隔离区 200 米以上，普遍采用机械去雄。辅之以人工去雄。制种产量一般 3300～4100 公斤/公顷。种子生产人员从多方面研究花期调控和提高母本产量的技术措施。在种子加工方面，所有种子公司都建有一至数个现代化程度较高的种子加工厂，大的种子公司专门建有原种加工厂，种子加工包括去除苞叶与杂穗、果穗烘干与脱粒、清选与分级、包衣等过程。在种子检验方面，所有杂交种在出售前需经过严格的质量检验，并将检验结果和有关信息印在包装物上。每个公司都建有规模不等的系列化种子检验实验室。遗传纯度鉴定已普遍采用同功酶谱带鉴定技术。基因鉴定技术已初步开始在纯度鉴定上应用。种子发芽率测定，除进行高温鉴定（25 摄氏度～30 摄氏度），同时在 10 摄氏度条件下进行低温测验 7 天，然后再经过 3 天高温测定。其目的是检验种子的抗低温能力，这与美国玉米带春季低温多雨的气候条件有关。

总的印象，美国玉米杂交种的质量保证已达到了万无一失的程度，基本排除了不利气候条件对种子质量带来的影响。

总之，除了玉米育种技术之外，转基因作物培育的主要优良性状有以下几类：转基因优质作物、转基因抗除草剂作物、转基因抗虫作物、转基因抗病毒作物、转基因抗真菌病害作物、转基因耐环境胁迫作物和转基因高产作物等。当然，并非每种转基因新培育品种只包含一个优良性状，它的目标可以是多性状综合优良新品种的培育。目前，生物技术育成的抗虫棉、抗虫玉米、抗除草剂玉米、抗虫马铃薯、抗除草剂大豆、油菜、棉花等转基因作物已在生产上获得广泛应用。

与此同时，美国的科学家也利用基因工程方法将某些动物生长激素基因转移到细菌中，然后由细菌繁殖产生大量有用的激素。这些激素在畜禽新陈代谢过程中，能促进其体内蛋白质的合成和脂肪的消耗，从而加快生长发育，即在不增加饲料消耗的情况下提高畜禽的产量和品质。科学家已经成功地把某些动物基因转移到牛、猪、羊等的受精卵中，获得性能优异的畜禽品种。比如，美国迪卡公司该公司对鸡的育种工作已发展到能对遗传物质——脱氧核糖核酸中的碱基密码深入了解，绘出了一套完整的基因图谱，并且对一些特定基因已能在实验室里分离和合成，可将新的遗传物质引入到一个机体细胞内，以修复遗传缺陷，或增加一种新的特性。由于采用了先进的育种技术，该公司迪卡鸡的品种越来越优良，入舍鸡产蛋数每年增加 2.67 枚，性成熟期每年提前 0.7 天，成活率每年提高 0.07%。迪卡公司非常重视鸡群育成前期的发育情况，认为"育雏期所做的每一件事都将影响其后产蛋期的饲养效果"。该公司对鸡发育好坏的监测指标除了鸡的体重以外，还制定了鸡的"胫长"指标，即测定鸡的骨架发育情况。鸡骨架的发育时期在 0～16 周龄，其中 8 周龄骨架发育好坏对鸡的整个产蛋期都具有不可逆转的影响，掌握和应用好鸡的胫长标准，则能更好地发挥鸡的生产性能。

另外，在病虫害综合防治方面，近年来，随着"天敌"对害虫致病、寄生的研究进展，美国已能通过提取这些发挥作用的物质，制成生物农药来防治植物病虫害，或是使"天敌"能够在体内合成致毒等物质，用作生物农药来防治植物病虫害。随着最新分子生物学手段的应用，转基因生物农药新品种不断涌现，向更安全和更环保的方面发展，且产品更新换代速度加快。利用生物农药的思路和转基因技术，美国能够生产出杀虫广、毒性强的微生物菌株，扩大了防治对象，增强了防治效果，只要把其喷洒在侵害作物的害虫上便可达到"以菌治虫"的目的。

此外，生物技术在美国农业中的应用，还让动植物成为制造"食用疫苗"和药物等的"工厂"。据悉，美国已开始利用水果、蔬菜生产抗肝炎、霍乱等传统疾病的疫苗。在利用动物的奶和蛋生产药物领域，一些研究成果的前景看好，包括绵羊奶已用于治疗囊性纤维变性，山羊奶已用于治疗癌症，鼠奶已用于治疗类风湿，鸡蛋已用于治疗流感。

第三节　生物农药技术

一、生物农药技术概况

（一）概念与种类

生物农药是指从动植物、微生物及某些矿物质衍生出来的农药。例如，大蒜、薄荷具有杀虫的作用，也可认为是生物农药。生物农药主要分为三类：微生物农药，含有的微生物（细菌、真菌、病毒、原生动物或藻类）为活性成分；植物农药，植物通过加入遗传物质产生杀虫成分，如 Bt 棉花、Bt 玉米等；生物化学农药，通过非毒性机制控制害虫的天然物质。与传统农药相比，生物农药以其目标害虫单一、用量少、毒性小、效率高、易分解等特性，必将成为 21 世纪的新型主导农药。使用生物农药可大大减少传统化学农药的使用，对保护生态环境及人类健康具有特别重要的意义。

自从美国环保局（EPA）1984 年公布生物农药注册特别指南以来，美国生物农药注册申请数量大幅上升。EPA 促进生物农药注册与应用的政策也加快了这一产业的发展。至 1998 年年底，美国约有 175 种生物农药活性成分进行了注册，到了 2005 年，这一数据则达到了 237 种，其中数量最多的为 Bt 生物农药。Bt 能够产生一种对某些昆虫有害的蛋白质，从而能抑制卷心菜、马铃薯、棉花等作物发生虫害。微生物农药的使用应进行长期的监控，以保证对非目标生物（包括人类）无害。植物农药植物通过加入某些遗传物质产生杀虫作用，如 Bt 棉花、Bt 玉米等。

一般来说，生物化学农药是能够通过非毒性机制控制害虫的一些天然物质。生物化学农药包括影响害虫生长和交配的物质（如植物生长调节剂）和吸引害虫的物质（如外激素）。由于有时难以认定天然农药是否通过非毒性机制起作用，于是美国环保局成立了一个委员会专门负责生物化学农药的认定工作。

截至 2005 年 3 月，美国环保局共注册了 237 种生物农药的有效成分。Bt 马铃薯注册于 1995 年，是 Bt 毒素第一次在转基因作物中使用，目的是为了控制科罗拉多马铃薯瓢虫。1999 年 5 月 EPA 规定在紧邻 Bt 马铃薯种植区附近必须种植 20％的隔离带。Bt 棉花也是注册于 1995 年，主要目的是控制菸夜蛾、棉铃虫和棉红铃虫。按规定在 Bt 棉花栽种区附近要有两项隔离带：4％未喷洒农药区或 20％喷洒非 Bt 农药区，并提供年度监控和销售数据。2008 年，美国大约 80％的棉田都种植了 Bt 棉。从全球范围来看，2007 年的统计数据显示，全球各地已有 Bt 棉 1400 万公顷。Bt 玉米注册于 1995 年，目的是控制玉米的主要害虫：欧洲玉米螟，但也用于控制玉米穗夜蛾和其他蛀茎害虫。在 2000 年种植季节，美国环保局、美国农业部规定：种植 Bt 玉米，在玉米带北部必须种植至少 20％的非 Bt 玉米隔离区，在棉区必须种植至少 50％的非 Bt 玉米隔离区。随着科学技术的不断发展，美国环保局将及时对现有昆虫抗性管理措施进行评估并加以调整。

（二）生物农药的研发与应用

由于生物农药的技术特征和发展方向与人类未来的生产生活方式、食品安全、营养健康、生态平衡、生物多样性保护都具有良好的相融性，加上以现代发酵工程为基础的微生物工业化生产技术体系日趋完善，生物农药的研究开发逐渐引起了广泛的关注和兴趣。

在美国，为了积极地鼓励支持生物农药的开发和商品化生产，EPA采取和调整了相应的管理策略，给生物农药研发及生产的注册简化手续，大开绿灯。在商品登记的时间、费用方面分别仅为化学农药品种的1/3和1/30。同时，生物农药的开发速度也比化学农药快，周期短，成本也更低。据统计，每开发一种生物农药仅需耗时3年，耗用资金600万～1000万美元。而开发一个化学农药则需耗时7～10年，耗用资金1.5亿～2亿美元。2005年，全球生物农药的市场需求值约为300亿美元。

20世纪90年代前后，美国生物农药产业的技术创新是以中小型高新科技公司如B10515、Eeoseienee、Bioteeh、Myeogen、Eeogen等的起步为显著特征。Myeogen公司利用基因工程手段，开发出一系列Bt新产品，年销售额达到1亿美元。而全球最大，历史最为悠久的微生物杀虫剂生产商Abbott实验室则注重传统技术工艺的改造，产品开发方向牢牢地把握着市场的需求。

从苏云金杆菌杀虫剂产业化发展过程，可以观察出生物农药的研发及应用状况。

生物农药的技术进步主要体现在菌种、发酵和剂型加工三个方面。在产品剂型改进方面基于减少有机物向环境中的投放，水分散型粒剂（WOG）已是生物农药商品的通用剂型，而乳油（EC）和可湿性粉剂（WP）将会逐步受到一定的限制。在真菌杀虫剂的商品化研究开发方面，国外近10年来已有50多种产品登记注册主要是球孢白僵菌、布氏白僵菌、金龟子绿僵菌、玫烟色拟青霉、淡紫拟青霉和腊蚧轮枝菌等。但是真菌杀虫剂在农药市场上始终未能逐年扩大占有量，究其原因主要是真菌杀虫剂的工业化程度低、生产周期长、田间应用效果不够稳定及来自廉价化学农药的竞争所造成的。由于真菌杀虫剂尚未真正突破大规模工业化生产的技术瓶颈，在实现商品化、产业化方面始终处于步履维艰的境况。在植物病害生防菌剂研究利用方面，1999 年，诺华公司开发登记了世界上第一个利用真菌产生的植物活化剂，其有效成分为水杨酸类似物，它能够激发和诱导植物产生免疫、抗病、促进生长的作用。2001 年，美国 Eden 公司开发登记了更为先进的 Messenge，农作物使用后一般可以增产 10% 并可用于蔬菜、水果的贮藏保鲜，这类产品被美国国家环境保护委员会评价为"农作物生产和食品安全的一场绿色化学革命"。

　　进入 21 世纪，在全球企业兼并大潮和市场重新洗牌的推动下，生物农药产业也开始进入一个新的优化整合时期。Myeogen 公司被 Dow Chemieal 收购，Eeogen 公司被另一公司收购。美国在 1990 年前后建立的许多中小型生物农药公司现已逐渐消失或被兼并收购。以苏云金杆菌杀虫剂为例，原来全球 Bt 行业老大 Abbott 的研发和生产部分被日本住友公司收购，全球 Bt 第二的生产商 Thermo-Trilogy 被日本三井公司收购，并改名为 Cerris。近期国际生物农药行业出现的小公司倒闭、公司强强整合的形势，不但为重新划定和瓜分市场做好了准备，而且与 20 世纪 90 年代后期世界化学农药行业的发展变化趋势相吻合。

二、美国生物农药的管理

　　随着人类长期大量生产使用，"六六六"等农药对生态环境、食品安全和民众健康带来了众所周知的负面作用和影响。发达国家开始以长远的眼光重新审定化学农药产业的发展技术策略和市场管理。20 世纪 90 年代，美国率先宣布撤销了 90 多种化学农药的登记注册。荷兰、丹麦也相继提出了减少 50％农药使用量的 5 年和 10 年计划。1992 年联合国在巴西召开的世界环发大会，制定了全球社会发展与环境保护的共同纲领，其中提到要在全世界范围内控制和减少化学农药的生产和使用，以维护人类共有的家园。

基于对人类安全和环境保护的考虑，美国当局对生物技术产品进行严格的管制。以生物农业产品为例，从 1990 年起，有超过 25 种农业生物技术产品通过美国监管当局的审核成功上市。20 世纪 70 年代，依据"国家卫生局（NIH）关于涉及 DNA 分子重组研究的指导意见"，美国对农业生物技术产品的监管主要集中在实验室和温室。

随着生物技术产品沿着基础研究开发—大田试验—商业化这一链条的发展，美国政府在 1986 年颁布了"生物技术监管合作框架"（"Coordinated Framework for Regulation Biotechnology"），以指导相关联邦机构如何监管生物技术产品的研发和商业化。"生物技术监管合作框架"采用垂直（或部门）监管方式。例如，生物技术产品中的食品由食品和药物管理局依据"食品、药物和化妆品法案（FFDCA）"进行监管；生物技术产品中的杀虫剂、农药由环保局依据"联邦杀虫剂杀真菌剂和灭鼠药法案（FIFRA）"以及"食品、药物和化妆品法案（FFDCA）"进行监管；生物除草剂由美国农业部依据"除草剂法案"和"植物隔离法案"进行监管；供研究用的食用动物则由美国农业部下属的食物安全检验局依据"联邦肉类检查法案（the Federal Meat Inspection Act）"

和"家禽类产品检查法案（the Poultry Products Inspection Act）"进行监管。在"生物技术监管合作框架"中，美国农业部（USDA）、环保局（EPA）以及食品和药物管理局（FDA）是负责农业技术产品的最主要的监管机构。在这一合作框架下，有些生物技术产品可能由3个机构共同管理，而有些则是由一个或两个机构进行管理。

"生物技术监管合作框架"的基本内容，简单说来，就是利用现有的关于卫生和安全的法案对生物技术产品进行监管，这比专门通过针对生物技术的法案更快捷、更具可行性。事实上，除了该合作框架的现行监管方式以外，也还存在其他替代的司法解决方案，因为基因工程产品涉及的领域是如此广泛，需要多部门的协同监管。此外，美国政府认为基因工程新技术只是生物技术的延伸和扩展，因此，基因工程产品也不过是现有产品的延伸和发展。

就具体的监管机构而言，在美国，有4所联邦机构负责与生物工程产品（动物、植物、海洋食品、微生物以及从它们那里间接获取的产品）的安全性有关的事务，即（1）农业部（USDA）下属的动植物检验检疫局（APHIS）；（2）环保局（EPA）；（3）食品和药物管理局（FDA）；（4）农业部（USDA）下属的食物安全检验局（FSIS）。

总体来讲，环保局负责农药（包括生物农药）的管理，管理的法律依据为《联邦杀虫剂、杀菌剂和灭鼠剂法》、《食品、药物和化妆品法》及《食品质量保护法》、《濒危物种法》。

具体来讲，环保局负责在商业化行动之前批准生物工程农药、具有农药特性的生物工程植物的生产以及检查"类间生物体"（把基因类型不同的微生物体的基因物质相结合得到的产物）。EPA 主要关注食物安全（耐受水平）和环境。EPA 还依照联邦杀虫剂、杀真菌剂和灭鼠药法案（the Federal Insecticide, Fungicide, and Rodenticide Act, FIFRA）以及联邦食物、药品和化妆品法案（the Federal Food, Drug, and Cosmetic Act, FFDCA）管理杀虫剂的生产和使用。一般来说，杀虫剂在被出售以前或是在美国使用以前，必须在 FIFRA 注册。依照联邦食物、药品和化妆品法案，EPA 负责制定耐受量标准（或食物的农药残留标准）。EPA 依据有毒物质控制法案（the Toxic Substances Control Act, TSCA）第五章的规定管理复合基因微生物体（intergeneric microorganisms）。在一种新的微生物体投产或为了商业目的而进行加工或进口之前，必须给 EPA 提交报告。

第四章　美国的农业信息技术

第一节　农业信息技术概况

一、技术发展简介

丹·哥斯特是美国芝加哥市史特灵镇近郊的一位农场主。如今，这位农民大多数时间并不在田间地头，而是和城里的"白领"一样泡在网上。他先后购置了4台电脑，利用电脑计算种植量以及杀虫农药的剂量，进行生猪饲料配方与养猪过程的控制，从网上了解天气情况以及农作物的交易行情⋯⋯他现在已经离不开网络了。实际上，哥斯特只是美国200万农民中一个缩影。目前，美国有51%的农民接上了互联网，20%的农场用直升机进行耕作管理，很多中等规模的农场和几乎所有大型农场已经安装了GPS定位系统。这些新科技构成了美国农业信息化的主要内容，也打造出美国的"精确农业"。

在美国的现代农业信息化进程中，精确农业（Precision Agriculture）是很有代表性的一个概念。精确农业是将3S技术（遥感技术、地理信息系统和全球定位系统）、计算机技术、自动化技术、网络技术等高科技应用于农业，逐步实现精确化、集约化、信息化的现代控制农业。可根据田间因素的变化，精细准确地调整各项土壤和作物管理措施，最大限度地优化各项投入，以获取最高产量和最大经济效益，同时保护农业生态环境、土地等农业自然资源，给农业技术推广实施带来革命性的变化。随着农业信息化的发展，精确农业从20世纪70年代起步，80年代初开始商业化应用，到如今，已迅速发展成新的农业工业，并在世界范围内形成了科学的新农业发展道路，成为农业革命性发展的代名词。

美国被公认为是世界上农业最发达的国家，原因之一，就是该国早在20世纪50年代就在农业中引入了计算机技术，而在随后的发展中，各类信息通信技术被不断引入农业的发展，造就了一个真正的农业强国。目前，美国农业人口已由50%以上减少到2%，而从事信息技术的劳动力到20世纪80年代初就已超过60%，依靠现代化方式经营的农业生产模式已经形成。

从20世纪50年代开始，随着广播、电话的发明应用，美国农业信息化进入广播、电话阶段。当时，电视基本在美国农村没有普及。1954年农村居民的电话普及率为49%，到1968年这个数字达到83%。从1962年开始，美国开始资助在农村建立教育电视台。电话和声像广播在农村的普及，把大量的农产品市场信息和科技信息传递给农民，对促进农业科技进步和稳定农产品市场行情起到了很大作用。

20世纪70~80年代，计算机的商业化和实用化推广，带动了美国农业数据库、计算机网络等方面的建设。1985年，美国对世界上已发表的428个电子化的农业数据库进行了编目。在当代最重要的农业信息数据库中，最著名、应用最广的是：美国国家农业图书馆和农业部共同开发的AGRICOLA数据库，它存有10万份以上的农业科技参考资料。数据库应用系统服务于农业生产、管理和科研。如美国所建的全国作物品种资源信息管理系统，管理60万份植物资源样品信息，可通过计算机和电话存取，在全国范围内向育种专家提供服务。

20世纪90年代以来，随着计算机逐步应用到农场，美国农业信息化迈入自动控制技术的开发及网络技术应用阶段。到1985年，美国已有8％的农场主使用计算机处理农业生产，其中一些大农场则已经计算机化。如今，计算机等高技术的应用，给美国农场管理与生产控制、研究和生产带来了高质量、高效率和高效益。

目前，美国农业经营方式几乎全部是农场化经营而且全部是私营农场。农场化经营向大小两极分化，大农场运用高科技降低成本、提高效益；而微型农场则以特色化经营满足市场多样化的需求，同时努力发展精深加工，增加产品的附加值。美国有六成大农场主实行联网交易。网络化使农业经济受到更大的压力，促使农场主改进生产管理方式，提高农业生产率。

由此可见，信息技术的应用的确为美国的农业发展作出了巨大贡献。

此外，据有关资料介绍，今后美国农业信息技术将大致向以下四个方面发展：特大型农场将走上"计算机集成自适应生产"的道路；微型、小型农场将利用高科技生产出更多"特色产品"；农业生产更趋向信息化、自动化、产业化；克隆家畜有大发展，基因食品逐步替代用传统方法生产出来的农产品。

二、政府支持

类似精确农业这样的农业信息化新技术令人目不暇接，但是，如何让农民能接受，买得起，喜欢用，用得好，才是问题的关键。这就必须提到政府部门在农业信息化进程中所起的中间作用了。

美国之所以成为世界农业强国，不仅是因为有自然资源、市场环境和科技等优势条件，更为重要的原因是美国农业从上至下都能得到政府的支持和服务。美国政府已形成一套比较完整的农产品市场信息收集和发布体系，农产品市场信息的运用非常规范。这个体系是以美国农业部及其所属的国家农业统计局（NASS）、经济研究局（ERS）、海外农业局（FAS）、农业市场服务局（AMS）、世界农业展望委员会（WAOB）、农场服务局（FSA），以及首席信息办公室等机构为主体的信息收集、分析、发布体系。美国国家农业统计局拥有 200 多万个家庭农场的基本数据资料库，对农作物进行种植面积和产量的调查与预测；农业部农业市场服务局主要掌握国内现货市场供求和价格情况，在地方、区域、全国和国际等不同层次上进行收集、分析和传播市场新闻，对农场主、消费者及市场链中各有关方面都具有重要意义；农业部海外服务局收集世界各类农产品的生产、市场需求和价格变化情况；农业部经济研究局进行品种分析，完成各主要农产品当年的平衡表；农业部世界展望局统一分析与评估所有的资料。此外，美国农业部与全国 44 个州的农业部门合作，设立了 100 多个信息收集办事处以及相应的市场报告员，负责收集、审核和发布全国农产品信息，然后通过卫星系统即时传到全国各地接收站，再通过广播、电视、计算机网络和报纸传递给社会公众。卫星系统还可以用来随时监测世界各地的自然灾害情况。另外，各种专业协会和决策咨询机构形成的民间农业社会化服务也提供了外围保护。美国农业部提供的市场信息涉及 120 多个国家、60 多个品种，包括主要农产品的全球数量、国内产量、供求情况、价格变化等情况，并在法定的日子里公布。农民可以通过网络、电话和邮寄等方式，得到完整的市场信息。

在政策和投入方面，美国各级政府大力支持，包括健全法规、加大投入，加之各方面的积极推广与高效服务，通过信息资源的长期积累和低成本共享方式，有效地推动了农村信息化发展。建立健全农业信息化法规并注重监督，依法保证信息的真实性、有效性及知识产权等，维护信息主体的权益并积极促进信息的共享。美国 1848 年第一部《农业法》就对农业技术信息服务做了规定。在 1946 年农业市场法案中规定，凡享受政府补贴的农民和农业，均有义务向政府提供农产品产销信息。在此基础上，美国逐步形成了从信息资源采集到发布的体系。稳定、足额地投资建设国家级农业和农村科技信息中心，实现了公益性农村信息资源（国家农业数据库等）的长期积累、高效管理与广泛应用。一方面，大力投资用于农业信息系统的多项硬件，包括基础信息资源的开发和网络设施建设；另一方面保证充足的系统运行经费，每年有 10 亿美元的农业信息经费支持，占农业行政事业经费的 10%。形成以农业部及其所属机构为主的信息收集、分析、发布体系，保证农业信息系统有效性强、信息及时。美国农业部下属市场信息服务局的下设新闻服务署，主要负责农产品市场动态信息的收集与发布，上午采集信息，及时汇总、整理，当天中午就可分类发出。

美国颁布了一系列政策来规范农业信息化建设与发展。其政府部门内部及部门之间运用信息技术对业务流程进行再造，通过业务协同为用户提供"一站式"网上服务。从各国的实践看，制约部门协同办公的一个突出因素是各部门或机构的信息系统相互割裂，不相互兼容。美国首席信息官委员会和美国农业部下属的首席信息官办公室在农业信息化建设方面发挥了强有力的主导作用，为信息系统互联、兼容和业务协同提供了组织保障。美国农业部下设的首席信息官办公室，与首席财务官办公室、首席总监察官办公室等并列，其主要职能包括：监督农业部信息技术资源的管理；按照《1996 年 Clinger-Cohen 法案》及有关法律、法规、行政规章的规定制定长期计划性指南，审查重大技术投资，协调跨部门信息资源管理项目，促进信息交流和技术共享；负责管理农业部电子政府工作包括协调农业部内外部电子政府职责与预算；负责信息收集及其管理工作；为农业部及其他联邦机构提供自动化数据处理服务；制定农业部电脑安全政策、标准、方式、程序等，负责农业部信息技术资源安全保护。

在信息爆炸时代，提供快捷、可靠、高质量的农业信息，靠一个单位的有限力量是困难的，信息资源共建共享变得越来越迫切和必要。美国 1995 年成立的农业网络信息中心联盟（AgNIC）是众多涉农机构自愿组成的一个农业信息资源共建共享的联合体。AgNIC 得到了美国国家农业图书馆和有关项目的支持。AgNIC 主要由大学、研究机构、政府机构和非营利组织组成。会员分别围绕食品、农业、可再生自然资源、林业、物理和社会科学的某个某些小的主题进行信息的收集工作，如爱达荷州立大学主要负责"猪"这一学科。通过 AgNIC 的门户网站，全球用户可获取内容广、丰富、可靠的信息。激烈的国际、国内市场竞争和环境因素，促使美国农场主注重技术革新。信息技术通常是一种高额资产投入，例如，在一台联合上安装一套完整的产量显示信息系统，包括产量显示器、全球定位系统接收器、记忆卡、计算机、软件、培训和安装在内，约需 1 万～1.5 万美元。农场经济规模对单位产品分摊的信息技术投资折旧额有直接影响，农场经济规模不同，信息技术的普及程度会有很大差异。美国农业部经济研究局认为，农场规模可能是影响精准农业技术应用的最主要因素，农场主的受教育程度也是一个不容忽视的因素。

在信息化服务与推广方面，政府部门与各种专业协会和决策咨询机构形成了民间农业社会化服务。内容包括：凡是政府参与收集的农村科技信息实行"完全与开放"共享政策。比如宇航局、地理勘探局等收集的数据，以及大学、研究机构由政府资助项目产生的数据。在这种管理机制保障下，科研人员和社会各阶层均能以不高于工本的费用，以最方便的方式、不受任何歧视地得到各自所需的数据。根据信息服务主体多元化，提供多样化的服务。针对生产者、经营者的信息需求多种多样，各方面分析研究为不同规模的、不同群体提供不同的农业信息内容，让农民普遍感到对信息化工作的钱花得很值。大力宣传信息技术手段的好处。农民尝到甜头后，自然会对信息化产生更强烈的渴望。目前，多种农业传媒（计算机网络、通信、视听等载体）网络正成为农民、农业科技推广人员和各农业部门获取科学知识、传播推广实用技术、提供农业信息咨询服务的重要手段。不少研究专家说，仅占全美人口2%的美国农民，不仅养活了3亿美国人，而且还使美国成为全球最大的农产品出口国。如果离开了高科技，离开了农业信息化，这样的奇迹根本不可能发生！

第二节　遥感、地理信息及 GPS 技术

一、遥感技术

遥感技术（RS），是指远距离探测和识别地表各类地物的综合技术。20世纪，美国宇航局和美国农业部等政府部门1975年实施的大面积作物调查试验计划，利用 RS 技术，分别对美国本土和前苏联当年的小麦长势和产量进行监测和预测，为美国在对

前苏联的粮食贸易上谋取巨额利益。

（一）遥感技术的研究现状

由于资源卫星每隔 16～18 天才能重复获取同一地区的影像，而影像上每一像元的尺寸为 10～30 米，无法满足农业生产和管理中适时性和准确性的要求。因此，从 1982 年开始，美国农业部农业研究局遥感实验室使用滤光片式多波段摄像机（tube 式）拍摄目标区的影像，并合成为假彩色图像，以用于解译、判断农业生产中遇到的问题，如病虫害、土壤盐碱度、土壤营养状况、水污染等。随着 CCD（点阵式）摄像技术和全球定位系统（GPS）的普及和应用，目前，已发展成为由遥感（RS）、地理信息系统（GIS）、全球定位系统（GPS）结合的由 CCD 摄像机完成的航空视频图交互式解译系统（Airborne VideographY System）。该系统具有时效强、灵活、精度高等特点，目前已用于森林病虫害探测、果园病虫害探测、农作物病虫害探测、产量和肥力图制作。过去用假彩色合成方法工作时，需要 3～7 天时间处理相片，而目前这种系统则直接在屏幕上进行解译，节省了时间，基本上达到了实时监测。目前，在持续发展战略指导下提出的精细农业概念〔英文名称有三个：（1）Precision Farming；（2）Site-Specific Farming；（3）Spatially Varable Farming〕，就是在此技术基础上提出的。现在美国市场上已有按每 10 平方米进行施肥调节的施肥机器出售（安装有 GPS 接收机），这样既节省了肥料，又能减少环境污染，使农业生产达到最优化，实现持续发展的目标。

农作物病虫害防治也是如此。美国农业部利用该系统每年对主要农作物种植区飞行 1～2 次。同时也根据农场主的要求为其工作和转让技术。我国林业部已引进该套系统用于森林病虫害探测。另外，我国水利部的洪涝灾害监测系统类似于该系统。美国专家认为，用这种技术要比用卫星遥感便宜，因为使用的飞机造价低，灵活性强。

此外，单产预报方面，目前美国宇航局（NASA）支持有关科研机构，利用雷达图像、成像光谱仪数据（可达200多波段），在 GIS、GPS 技术的支持下，探索合理的估产模型。

（二）遥感技术在农业上的应用现状

为了及时了解和掌握农作物每周的生长情况，美国的农场主们已经开始借助于人造卫星监视系统从高空拍摄红外线照片。这种红外线照片，分辨率可达到每个像素 8.4 平方米的区域。红外线照相机可以探测出每块种植区土壤的温度和湿度，同时及时发现病虫害迹象。农场主利用这些信息，就可以采取及时的应对措施。对农作物产量的监视，则是把监视器安装在联合收割机上，当收割机驶过玉米地时，玉米棒的外皮就会被除去，玉米粒则被拨下来放入一个容器中，当玉米粒通过传送带输送时，传送带上的传感器可测出它们的重量。联合收割机上的一台全球定位系统，可随时追踪收割机的位置，将每一组坐标储存下来。这样，农场主就可以了解到农场任何一块土地的精确产量。

除此以外，美国的农场主还采用可变速率施肥器施肥。在种植前农场主先委托农业咨询公司从农场各个不同区域的土壤中提取样品，每份样品代表 2 平方米大小的区域，对样品中的 15 种成分进行分析，确定每个区域土壤内所含氮和碳酸钙的浓度，以决定需要施用多少肥料和何种肥料。这些数据被输入喷撒肥料的拖拉机的计算机内，并与全球定位系统联结。拖拉机两侧各装有一条长 5 米的悬臂，上面是一排喷嘴，工作时拖拉机内的控制器将自动决定哪块土地应该施用何种肥料，并通过高、中、低 3 种速率来控制喷撒速度和剂量。这种拖拉机每天可喷肥 210 公顷。

遥感技术在农业方面主要的应用之一，就是农作物的估产。

美国农业部有几个机构负责农作物产量统计，每月向本国和世界发布农作物产量供需估计。美国农业统计局主要是通过收集农场农作物种植面积、产量数据，结合野外观测数据来预测美国农作物产量；农业部世界农业展望局负责每月预测美国和世界主要农作物供需平衡状况，农业部外国农业局和经济研究局联合参与该项工作。现将美国农业统计局负责的美国作物估产中的种植面积估测和单产预报的做法分述如下：

1. 农作物种植面积估测

自 1950 年开始，美国农业统计局便开始运用"面积框抽样调查"（Area Sampling Frame）方法对全国农作物种植面积进行抽样统计。到 1980 年，这一统计方法开始引入卫星遥感技术，有三个好处：一是提高分层的准确度，使得每一初级取样单元（Primary sampling units）内部各地作物分布尽量均一，相互之间差异更大；二是准确确定样方（segment）的位置，促使每个样方具有较强的代表性；三是可以利用数字分类的办法直接从遥感信息中提取作物的种植面积。由于卫星数据的价格较高，美国国土面积较大，因此无法全部采用数字分类的办法提取作物种植面积，只能每年按计划购买一定数量的卫星数据来检验现有抽样体系中样方的代表性和准确性，并按计划每年更换一些新的样方（每年大约更新 10% 多一些的样方），使得抽样体系更具有代表性。另外，为了提高抽样的精度，美国农业统计局与爱达荷州立大学共同开发了将面积抽样和农场抽样相结合的多种抽样结合的抽样统计方法，除进行面积统计外，还统计作物产量、粮食库存量和家畜数量。由农业统计局每年执行的最大单独测量是"6月农业测量"（June Agricultural Survey）。在 6 月的前两周内，由美国农业部农业统计局 2400 人与 125000 个农场联系，联系方法或者是电话，或者是实地询问，其中包括对全美国近 14000 个样方（Segment）进行的测量。调查内容主要包括作物种植面积、粮食库存量和家畜数据。利用这些数据来估测全国小麦、玉米、豆类等主要农作物的总种植面积和产量，以及粮食库存和家畜情况。

以卫星遥感为技术支持的面积抽样的步骤是：首先利用卫星相片、地图、计算机软件对调查区土地利用进行分类，如耕地、草原、城市等；然后将每一种土地类型再细分为样方，样方的大小约为 259 公顷（耕地）到 25.9 公顷（城区）；第三是根据不同的土地利用类型选取一定数量的样方，样方的选取频率是耕作区高，非耕作区低，如耕地为 1：125，而农作物稀少的地区为 1：200，草场为 1：250（或 300），村庄为 1：1000，在调查区内选取的农作物样方面积为 1500 公顷，选取的草场样方面积为 7500公顷；第四是根据每层样方的测量数据，按照分层抽样模型汇总出整个调查区的农作物种植面积。

2. 单产估计

对农作物产量的估算和长势的了解，历来都是采取实地观测的方法，依靠自下而上的统计报表进行的。自 20 世纪 60 年代空间遥感技术发展以来，实现了从空中进行观测。它通过安装在不同空间平台上的传感器，获得地面的二维阵列图像（个别卫星和航空图像能实现三维量算）。因为地面植被具有独特的反射光谱，通过适当的光谱段组合可以掌握植被光合作用的空间分布。因此，遥感技术的发展和应用，为作物的种植面积调查、长势监测评估和产量估算提供了一个新的科学手段。从 1974 年到 1977 年，美国农业部、国家海洋大气管理局、宇航局和商业部合作主持了"大面积农作物估产实验"计划。该计划分三个阶段进行，第一阶段对美国大平原 9 个小麦生产州的面积、单产和产量作出估算；第二阶段对包括美国本土、加拿大和前苏联部分地区小麦面积、单产和产量作出估算；第三阶段对世界其他地区小麦面积、总产量进行估算，估产精度达到 90％以上。1980 年到 1986 年，执行 LA-CIE 计划的几个部门又同内政部合作开展了"农业和资源的空间遥感调查计划"，其中包括了世界多种农作物长势评估和产量预报，并将遥感技术成功地应用于"面积框抽样调查"Area Sampling Frame 方法。随后，将成熟的技术方法分别由不同的部门应用到生产实践当中。如美国农业统计局负责将遥感技术应用于美国国内的主要农作物估产；农业部外国农业局负责美国以外的国家的农作物估产。由于估产区域大小不同，所要求的精度不同，因此在方法上也有相应的差别。总之，在美国国内农作物的估产当中，对作物种植面积的估测已应用了陆地卫星等资源卫星数据。

单产的估测值主要是通过抽样调查得来，抽样的方法为向农户询问和通过陆地卫星图像估测样方的产量，来推算全国的单产。同时参考 NOAA 卫星的 AVHRR 的绿度图，以及气象、农学估测模型的估算结果和灾情报告，由几方面的数据综合起来作出估测，向外发布。关于 AVHRR 数据的应用目前仅处于参考阶段（其结果仅为视觉产品，Visible Products）。利用 AVHRR 数据进行单产估算，目前仍处在积极探索和研究阶段，一些研究机构研究出了几个数学模型正在实验。而 AVHRR 的成熟应用则被认为是在旱情评估和确定作物的成熟度方面。NASS 专家认为，完全可以利用地理信息系统（GIS）数据准确预测单产。

二、地理信息

地理信息系统（GIS）是对地理空间信息进行采集、存储、管理、分析和图像表达的一种实用工具，具有很强的分析、查询和辅助决策的功能。在农业信息化中，GIS将专家系统、作物模拟模型、RS和全球定位系统等高新技术联系在一起。并且，利用变量投入技术（VRT）开发精准、特定的投入应用；利用田间监控技术对作物生长进行记录，作为日后作物管理的历史数据。GIS技术作为用于存储、分析、处理和表达地理空间属性数据的计算机软件平台，技术上已经成熟，并获得广泛应用。

在"数字农业"中，GIS系统主要用于建立农田土地管理、土壤数据、自然条件、作物苗情、病虫害发生发展趋势、作物产量的空间分布等的空间数据库和进行空间信息的地理统计处理、图形转换与表达等，为分析差异和实施调控提供处方信息。它将纳入作物栽培管理辅助决策支持系统，与作物生产管理与长势预测模拟模型、投入产出分析模拟模型和智能化作物专家系统一起，并在决策者的参与下，根据产量的空间差异性，分析原因，作出诊断，提出科学处方，落实到GIS支持下形成的田间作物管理处方图，指导科学的调控操作。

（一）应用现状

GIS系统在西方工业化国家的应用十分广泛，现已发展成一个独立的、完整的产业，进而见诸政府机构、银行、房地产、建筑、土木工程、自然资源调查、环保、农林、城市规划、灾害监测、地籍管理等部门，这是因为GIS系统能带来预期不到的经济效益，它能为各部门乃至全社会提供有效的服务。美国是地理信息系统发展与应用的先导，很多决定GIS事业发展的创新都源于美国的学术机构、政府机关和商业系统。

1. 政府的支持

GIS 的广泛应用,联邦政府在开发和推广方面作出了巨大贡献,每年用于 GIS 项目的研究和应用上的经费在 1 亿美元以上,即使是在面临经济衰退时期,对 GIS 及其相关技术的投入也是不减反增。特别是在国家数据采集和数字地图生产能力方面投入了大量的人力和财力,并制定了相应的发展规划。联邦政府机构作为遥感地图数据的主要来源和发行者,已成为 GIS 数据库开发和数据标准制定的领导者。各州政府和地方机构与联邦密切协作进行数据采集、发行和修订数字精度标准。美国地质调查局(USGS) 建立起了国家数字地图数据库,包括 1∶200 万比例尺数字地图以及覆盖全国的卫星影像图,提供地质、地形、水文和土地利用等信息。USGS 还利用遥感数据建立了描述美国本土土地利用现状和土地等级的 1∶25 万比例尺数字地图库。

许多政府机构已装备了 GIS 软硬件,加强研究和开发设备。这些设备对国家资源数据科学有效地显示、分析和判断,处理实验计划,促进 GIS 软硬件的发展,并且使数据库设计和空间分析技术向其他用户传播起到了很大的作用。

2. 商业上的应用

由于 GIS 的迅速发展和计算机及外围设备价格的降低,不仅为政府部门提供了使用条件,而且使 GIS 迅速地进入商业市场,因为 GIS 可为众多的商业用户存储和提供所需大量信息。美国的一些公司已经成功地开发 GIS 商业市场的商用软件。GIS 技术的商业应用有许多不同的形式。百货商店利用 GIS 进行竞争分析、销售预测和市场趋势分析;食品商店和饭店利用 GIS 定位分店位置、进行市场分析和直邮广告;房地产公司把 GIS 作为房地产价格趋势、增长过程、地区和环境限制、位置和成本估算的工具；制造公司利用 GIS 组织材料运输、库存、货物集散、管理资金和选择新的厂址；公共事业和通信公司也广泛地应用 GIS 技术。公共事业公司通常使用自动制图和设施制图（AM/FM）系统监测天然气管道、电信线路、供排水系统、公用道路和资产所有权，还利用 GIS 规划设施、通信线路和用户服务基地；电信和有线电视公司利用 GIS 进行管线规划、市场分析、网络扩充和用户需求预测。

3. 在其他领域的应用

GIS 成功地应用于美国的基础运输行业。众多的航空、铁路、汽车、出租车和应急车公司依靠 GIS 网络安排时刻表、计划路线和提供导航保障，或利用 GIS 对车辆进行跟踪管理，确定车辆的方位、运行速率和到达时间；一些主要的分发公司和报纸业用 GIS 安排停泊与装载时间表以避免额外的等待，选择最优的传递路线。

保险公司、金融业、信贷公司和服务组织也在使用 GIS 技术。主要应用于服务设施、办公位置、市场股份分布及海上保险率的分析。美国 Minnesota DATAMAP 公司研制了一种地理保险系统（GUS），该系统可以将保险对象分类，保险者和担保人可以预约为之服务，把特征、地址输入计算机后，系统可在 6 秒钟内接收保险对象的信息。

值得一提的是，GIS 在商业部门的应用，美国有一类小公司起了很大的作用。它们没有自己的产品，而只是作为 GIS 公司与用户之间、政府数据发行机构与用户之间的中介为用户提供咨询和数据方面的服务。这类中介公司投资小，利润大，客观上对 GIS 的传播与应用起了推动作用。

总之，GIS技术在美国的政府部门、商界和学术界的各种应用的迅速发展，是美国GIS活动的最新特征。计算机硬件价格的迅速下降、微机及工作站性能的提高、低成本数据的可得性、较好的公众认知以及GIS人才培养的改善等原因，无疑是GIS技术迅速普及的动力。由于美国公众部门与私人公司积极致力于GIS技术的开发，可以预料，许多新的技术和方法必将传播到世界其他地区，很多美国GIS经销商和研究组织正在扩展他们的业务，并希望能与其他国家共同开发GIS技术。

（二）技术发展现状

近年来计算机技术特别是计算速度、海量存储、图形处理等的进步，推动了美国GIS技术的发展，呈现出以下几个特点。

1. 数据采集方式多样化

随着现代数据采集技术的发展，空间数据采集方式变得越来越丰富，越来越有效，包括GPS技术，高光学分辨率、空间分辨率和时间分辨率的遥感图像、数字扫描技术、图形自动校正和数字摄像技术。

GPS越来越受到重视，美国政府限制高精度的民间使用，但由于其低价格和携带方便，越来越多的人开始使用GPS。有人说用一台GPS骑着自行车就可以作出一个城市的街区图。目前的数字摄影测量制图系统是GPS、遥感图像和GIS处理技术的综合，可以产生一种叫做Seamless的"无缝"地图。影像地图就是GIS与遥感综合的产品。如何有效经济地更新现有的系列图是GIS与RS一体化的另一任务。现在在美国，地图的更新工作主要依靠遥感图像，一个人坐在工作站面前，从国家数字地图数据库中读取文件，对照一个正射相片或影像来修订。这些手段缩短了数据获取周期，增强了数据的现势性和实时性。

2. 底层操作系统标准化

软件的发展总是和硬件的发展紧密相连的。GIS 硬件的总体配置已由发展初期的集中式，发展到今天的分布式配置。图形工作站的大量采用把 GIS 硬件推上一个台阶，现在的 GIS 软件在 05 层普遍采用 UNIX 操作系统，配合 Windows 环境，使用户对 GIS 系统的介入并不陌生。底层 05 的标准化使 GIS 软件对硬件的林业资源管理依赖性大大减弱，一个成熟的 GIS 往往可以在许多平台工作。例如 GenaMap 系统推荐使用 HP、SGI，学校里大多在便宜的 SUN 工作站上运行。

3. 功能多样化

GIS 最初是由机助制图起步的，从地图如何在计算机中表示开始，早期 GIS 软件往往受到地图表达、处理、应用等方面的限制，数字地图被认为是一种中间产品。随着 GIS 的发展，其适用范围越来越广泛，同时各行各业对 GIS 也提出了新的要求。人们逐步认识到 GIS 不应当是存取地图的工具，应该是访问地图所表示的现实世界的有效手段。在当今的 GIS 软件中，制图功能仅仅是众多功能中的一小部分，主要功能体现在各种空间查询、叠加、分析、检索等的基本工具模块上，以方便不同的行业专业结合自己的特点，有效地利用这些工具、为己所用，开发出实用 GIS 系统。例如 GenaMap 的最短路径网络分析、车流量统计、缓冲区分析，甚至提供了道路设计、水资源管理等高级应用模块。

4. 智能化

GIS 是一个基于地理数据的空间信息系统。除有数据采集和处理功能外，还应当能够智能地分析和运用数据，提供科学的决策咨询，回答用户可能提出的各种问题。一些大学和研究机构已开发出一些专家系统、神经网络模型，配合 GIS 应用于专门领域，但未达到商品化程度。

从计算机科学角度看，地理信息系统由四个部分组成：计算机硬件、软件、数据和人。技术的进步和市场商业行为已使与 GIS 相关的硬件和软件的发展不成问题。GIS 在美国之所以得到广泛应用，关键在于数据和人。政府参与 GIS 的运作，制作和发行数据与标准，任何部门和个人都有权免费获得；大学和学术机构培养了许多"人"，包括系统的组织管理者和操作人员。从另外一个角度讲，美国 GIS 的发展可归纳为"应用先导，技术驱动"。GIS 在各行各业的应用、市场的需求指导着 GIS，是其发展的原动力。空间科学、环境科学、地理学、遥感、计算机技术、GPS 技术的进步也必将带动地理信息科学多角度、全方位地向前发展。

三、GPS 技术

（一）简介

全球卫星定位系统（Global Positioning System）是美国天宝导航公司等自 1982 年起研究的高技术，1987 年初步成功后，获美国国家自然科学基金会（NSF）支持，累计投资 100 亿美元，分辨精度极高，并在海湾战争中发挥了作用。1990 年后，技术开始解密和向民间普及，且硬件价格一再降低。1991 年产品首次进入我国，并用于大地测量等领域。

GPS 技术的基本原理是：通过首先发射 24 颗专用卫星进入地球轨道，每颗 GPS 卫星每天绕地球两周，卫星上载有天文电子钟、微波无线等。GPS 卫星一天两次通过地面监测站上空，由地面监测站精确测量它的高度、位置和速度，并调整相应的信号处理系统。而在地球任何部位、任何时间启动 GPS 仪，可以同时与 GPS 卫星中的 4 颗卫星发生联系，精确测量 GPS 仪与这 4 颗卫星的实际距离。最后由 GPS 系统内的计算机软件计算出该 GPS 仪当前的准确方位以及与参照坐标系的关系。

现在，GPS 的定位精度由 100 米到 0.5 厘米各种精度等级，每一点采点时间只需数秒钟即可实现。现在 GPS 已经有多个应用系列，包括有运动器件（如飞机、船只、车辆）的导航、大地测绘、运动器件跟踪监测等，并已经开始进入汽车、手机等与人们日常生活密切相关的产品中去。

（二）GPS 技术在农业上的应用

全球定位系统（GPS）技术是一个全天候、高精度、全球性无线电导航定时、定位信息服务系统，是一个功能强大、对任何人、在全球任何地方都可以免费享用的空间信息资源。在"数字农业"中，GPS 系统用于农田土壤、苗情、病虫害信息采集。全球定位系统可对地理数据以及有利于精确农业的措施等进行定位及定义。

GPS 技术应用于农业，最早见于 1992 年美国宾夕法尼亚州立大学的工作。该校一个跨专业的研究小组成功地应用 GPS 技术跟踪迁飞性农业害虫（欧洲玉米螟）的分布、动向，从而准确地指导了化学防治。鉴于这种技术具有通过同地理信息系统（GIS）等技术结合，具体指导大面积地块精确施肥的可能性，美国的大型农化公司在 20 世纪 90 年代后期纷纷投资进行开发研究。现今所见到的在美国推广普及的最新装备之一，即是由明尼苏达州的 Ag-chem 农化装备公司在 2000 年开发生产的名为 Soilection 的全套设备，这套设备安装到农机上，真正实现了因土、因苗精确施肥、喷药。

Soilection 全套装置的组成及工作原理如下：Soilection 是一种卫星信号接收装置，带有数据加工计算机及监视屏。将 Soilection 安装在大型田间喷施（固体或液体）肥料、微量元素、除草剂的专用大型农机上，机器带有气动式喷洒阀嘴的大型宽幅臂杆。当驾驶员进入地块喷施肥料时，显示屏可同时显示两幅彼此重叠的图像，一张是方格坐标图，可根据 GPS 讯号随时显示机械所在的小区位置。另一张是数字化地图，显示的是综合性的土壤信息，标有各小区的土壤信息，如土壤类型，氮磷钾含量，前季单株产量，当年单产指标等，这些都是事先用 GIS 做好的。土壤类型等信息来自 GIS，土壤化验则在上一年秋或本年幼苗期进行，采用简易取样品密集采土样分析。至于单株产量分布信息，则是上一年同一地块秋收时，采用包括车辆定位系统 DGP 在内的产量监测器，以小区（10 米×10 米）为单位，边收割边自动收集记录数据获得。把所有这些信息通过计算机处理，制成数字化显示地图及软盘，使用时将软盘插入 Soilection 装置，数据处理器可根据作物模型的计算结果，自动给出每个小区的肥分配比和喷施量，并向自动喷施机下达指令。同样的方法也适用于农药的喷洒。

由于土壤养分含量、杂草等在地块内分布往往很不均匀，如有的地块内，最大含磷量样点可达 219 毫克/升，而最低含量样点仅有 12 毫克/升，尤其是在大地块的条件下，采用常规施肥、施除草剂技术，都是同一施量、同一种成分从头至尾"一视同仁"地喷洒。这就必然导致该多施的地方"吃不饱"，而不该再施或只需少量施用的地方过多喷施。既造成浪费，成本上升、造成环境污染，又会使部分植株生长不理想，导致平均单产降低。而一旦使用 Soilection 装置，由于自走喷洒机上装有 4 个肥仓以及 1 个除草剂（种子）仓，每个肥仓可装不同的肥料（包括微量元素）。驾驶员在显示屏上监视自走机的行走轨迹时，计算机可以根据当时所在位点对应于数字土壤信息图上的位置，以及土壤养分信息，自动判定这个区点应该喷洒多少量以及什么样的肥分配比，并且随时指令配料仓自动改变输出量及成分配比。这样，就可以真正做到以数株或几十株单株为基础的因苗、因土精确喷肥、喷药。

事实上，在美国，像联合收割机、播种机、施肥机和施药机等主要的农业机械上都安装有全球卫星定位仪。以联合收割机为例，在驾驶室的顶部安装 1 个接收器，可以将信号传给驾驶室里的计算机。便能连续不断地确定每一时刻联合收割机的作业位置。联合收割机上还安装有一套电子传感器，每隔 3 秒电子传感器就会把自己收获的农作物的质量、湿度等数据输送给计算机，并在计算机屏幕上显示出来。这样，在联合收割机作业过程中，就可以精确地记录下单位面积（可以精确到 1 平方米）土地的农作物产量及有关数据。根据这些数据，计算机可以绘制出整块土地不同位置的彩色图形，形象地展示各个地块的产量。对于单产不同的地块，可以通过对土壤养分的分析，找出导致产量高低的原因。然后，把相关数据输入到其他农业机械的计算机里，有针对性地施肥、灌水，以全面提高整片土地的产出水平。这项技术水平高，设备较复杂，但操作并不难。2005 年的时候，全美国已有 15％的农户在使用装有全球卫星定位系统的农业机械。

据介绍，美国农业部通过卫星定位系统了解全美每个农户每平方公里的氮、磷、钾含量，在收割机收割切碎秸秆的那一刻，电脑就可以分析出其各种元素的含量，并直接输送到农业部信息中心。

近年来，美国的一些大农业化学品公司和农机公司如福格森、约翰·迪尔等，竞相推出"精确农作"服务，生产供应可装在收割机上的小区产量地图自动绘制系统。其主要内容是应用新近解密转向民用的全球卫星定位系统（GPS），来解决一般技术不能解决的农药、化肥的因苗（草）情、因地块，以至地块内不同肥力的片段而不同配方、不同用量的施用问题。从而大大地提高了农药、化肥的有效利用率，降低成本，减少对环境的污染。

目前，在美国已有15％以上的农户将全球卫星定位系统应用于农业生产中，农户可以依据定位系统测得的有关土壤的技术数据对耕地"对症下药"，有针对性地施肥、浇水，大大提高了整片土地的生产率。雷伍德农场是美国弗吉尼亚州的一个大农场，面积大约45000亩，主要种植玉米和大豆。这个农场拥有大型的播种机、收割机、喷药机。其中施肥机和收割机安装了GPS系统，它的精度大约为军用精度的1/10，以米为单位。安装GPS系统主要可以防止重复播种和施肥，并可以在照明系统的协同下在夜间工作。雷伍德农场应用GPS后平均每亩节约1.135公斤的氮肥。此外，收割时期他们通过处理收割机上安装的产量记录系统记录的产量数据和收割机驾驶舱顶部安装的GPS记录的位置数据绘出产量图来指导生产。

GPS精确施用肥、农药技术很适于美国大型规模经营农场的地块状况，也适应了美国立法要求在2000年前减少农药用量70％的立法要求，能有效地降低农业生产资料投入的成本，提高产量、降低农业化学品造成的污染。而且用于GPS的额外投资并不很高，例如前述的小型GPS接收器在中国购买也不过几万元人民币。用户在GPS卫星上注册1个位置也只要花几百美元。加上美国农民的科技文化素质较高，因而美国农民对这项高技术表现出空前的热情。综上所述可以认为，应用 GPS 技术指导化肥、农药等精确施用是一项有效的资源节省技术，对于实现农业特别是种植业的可持续发展具有重大现实意义。

第三节　计算机及网络技术

在信息化技术与全球经济发展日益密切的今天，能否及时地获得信息和准确地分析行情，是现代化农业成功的关键。随着计算机技术的发展和计算机价格的迅速下跌，在生产管理中越来越多地使用计算机及网络技术，便成为美国的农场主们加强生产和经营对策与管理的必然趋势。

网络技术在农业方面的应用，主要有两个方面。一是作为技术支撑，协助建成了农业信息网络；另一方面，促进了农业电子商务和农产品贸易的发展。美国建成的世界上最大的农业计算机网络系统 AGNET，覆盖了全美 46 个州、加拿大的 6 个省和美加以外的 7 个国家，连通美国农业部、15 个州的农业署、36 所大学和大量的农业企业。用户通过家中的电话、电视或电脑，便可共享网络中的信息资源。这使农业生产者能更及时、准确、完整地获得市场信息，有效地减少农业经营的生产风险。据统计，2004 年美国 12％的农业销售通过互联网进行，比 1999 年该国 4％的水平大为提高。另外，一家名为罗克伍德的调研公司针对美国商业农场主的调查显示，他们已经将互联网作为了解商品价格、天气、农药、机器等信息的重要手段。调查显示，农户正在快速转向基于网络的交易手段，比如通过互联网购买种子、农药和农业设备等。

目前，美国越来越多的家用微型处理机通过电话同中心计算机联网，从而取得大量的农业生产或者经营数据，用来分析和处理农场管理问题。它们还用计算机来操纵某些设备，如操纵自动灌溉系统。这个系统包括土壤和气候信息。考虑到太阳能辐射，空气的温度和湿度，风速，土壤湿度，土壤蒸发和植物蒸发等因素，当土壤和气候传感器表明缺水时，计算机就会自动打开灌溉系统，一直到满足需要时才关上机器。随着农业经济竞争的加剧，农场主需要更多的经济分析，农业需要更高的自动化水平，农业领域计算机的使用必然日趋普及。还是在 1999 年的时候，使用计算机的农场生产的农产品，已经占全国农产品总量的90％。除此之外，在太阳能、风能和沼气等新能源的开发利用以及土壤改良等方面也有较大的进展。

事实上，计算机化的作物生产与管理系统，已不断完善并最终发展成为农业专家应用系统，给美国的农场管理、科研和生产带来了高质量、高效率和高效益。

目前，美国的各州、各大学已经开发出各种农业专家应用系统，如大豆病害诊断、预测玉米螟危害、苹果虫害与果园管理、农业技术资源保护等应用系统。

在农田灌溉调控自动化方面，为了合理利用水资源，开发干旱和沙漠地带，美国采用计算机化的滴灌和喷灌技术，在亚利桑那州西南部大片沙漠地带安装了世界上最大的灌溉调控系统，节省了 50％以上的用水量和能量，减少了盐分集结，使粮食产量增加 1 倍。加州农田灌溉专家克劳德·芬恩研制出一种用于地下滴灌的程序控制器，用计算机联结的传感器可以测定作物需要水的信息，并能控制埋于表层土壤下的细小塑料水管的水阀，做到按需要放水，还能做到肥、水同滴，效果很好。

在畜禽生产管理自动化方面，美国的畜禽饲养计算机化已相当普遍。管理猪生产的计算机系统中存贮有分娩、死亡、生长、出售、食物比例和管理过程中所需的各种数据和信息，它可以分析、预测猪的销售情况、母猪所需饲料、猪种退化以及最佳良种替代等信息，还可以根据存贮的育种和品质资料、母猪级别指标、营养效果、猪仔生产和市场价格等数据，来分析经济效益和价值等。

在农机管理和产品加工自动化方面，美国使用计算机来管理农业机械，可以帮助农民选用适当的农机型号和规格，降低使用成本，确定更新设备的最佳时机。美国一个日产 700 吨混合饲料的加工中心，用 2 台 IBM 小型机即可很好地控制 20 种混合饲料的全部生产流程。

此外，计算机在温室环境方面的应用大显身手。美国中北部有一种计算机控制箱，能自动控制温室的温度和湿度，还能定时适量地喷洒农药和肥料，并调节灌溉系统，使作物处于最佳生长状态，大大提高了产量。华盛顿州 1 家马铃薯通风库在计算机控制下，自动控制通风窗进行温度调节，使马铃薯的贮藏期分别达 3、6、10 个月，实现了全年供应。

在农业科研与服务系统信息化方面，美国新信息技术的兴起，使农业信息服务发展为一种新的农业产业。现在提供农业信息服务的商业性系统已近 300 家。如美国在肯塔基建立的全美第一个农用视频电报系统，用户通过个人机键盘的识别号，即可存取该系统里大型数据库里当前市场价格、天气、新闻和其他农业信息。美国西南部，自 1986 年以来盛行电脑电视牲畜交易，买卖双方在家中进行交易，这种方式简便、经济、成交率高，发展迅速，每年有 50 万～80 万头牛成交。

在农业数据库、模拟模型、网络等方面。1985 年，美国对世界上已发表的 428 个计算机化的农业数据库进行了编目。这些数据库是当代最重要的农业信息资源。其中包括美国国家农业图书馆和美国农业部共同开发的 AGRICOLA，杂志论文、政府出版物、技术报告等；联合国粮农组织的 AGRIS，存有 10 万份以上的农业科技参考资料；当前信息研究系统 CRIS，可提供美国农业部所属各研究所、试验站、学府的研究摘要。数据库应用系统则有不同的目标，它们分别服务于农业生产、管理和科研。如美国还建有全国作物品种资源信息管理系统，可在全国范围内向育种家提供服务。有 60 万个植物资源样品信息，可用计算机和电话存取。在农业科研中，计算机模拟模型技术成了热门课题。美国从农业经济到光合作用过程，几乎所有农业问题，都是模拟对象。如美国的作物模拟 CERES、SIMCOT Ⅱ、模拟土壤水分变化、作物生长等，以及模拟发芽日期等发育过程。美国计算机农业应用技术还有实时处理与数字化控制、数字图像处理、农用机器人、计算机辅助设计 CAD 和计算机教学等。

第五章　美国农业技术的教育、科研和推广模式

纵观美国农业技术的发展过程，可以看出，美国农业技术的进步主要依靠其多年形成的教育、科研和推广"三位一体"的发展模式。美国实行政府领导、以州立大学农学院为主体的科研、教育、推广"三位一体"的体系，并用法律、法规的形式将其固定下来。"三位一体"的体系包括常规农业教育系统、农业研究系统和农业推广系统。在具体活动上，一方面三者分工各有侧重，有各自独立的运行目标与运行机制；另一方面又彼此协作，相互促进，为美国农业技术的发展起到了决定性的促进作用。

第一节　农业技术教育

一、法律法规的制定为农业技术教育的发展提供保障

美国农业技术教育的发展不是一帆风顺的，曾经遇到各种阻力，但在关键时刻，政府总是通过立法的形式保障农业技术教育的发展。比如，在农业技术的科研方面，由于农学院的扩大，教师、学生人数的增多，设备的完善，学校经费因此越来越紧张，影响了农业科研和实验工作，因此美国的农业试验场法，阿德姆法等法规的实施使农业技术的科研有了保障。在推广科研成果和农业技术知识方面，农业推广法，即《史密斯—利弗法》规定：

由联邦政府补助各州办理推广工作，各州应拨出与中央拨款数量相同的金额，共同用于农业推广事业。推广法实施后，美国农业技术推广事业发展极快。可见，美国农业技术教育的诸多方面都是受到立法保护的。此外美国政府还颁布了一系列法令，以确保农业技术教育的实施，另外对州农业试验场的组织、经费、协作又作了统一规定。有关美国农业技术教育的立法是多方面的，这种立法形式具有不可违抗性、持久性、稳定性等特点，它们对农业技术教育的实施发挥了决定性作用。

二、美国政府的重视使得美国农业技术教育持续发展

（一）为农业技术教育提供资金支持

美国政府对农业技术教育资金上的大力支持是美国农业技术教育发展迅速的一个主要原因。多年来，美国各级政府颁布的各种法律条例，在经济上给予农业技术与职业教育以极大的资助，其中比较重要的条例是《史密斯—休士法》，该法规定：联邦政府与各州合作，提供农业、工业、商业和家政等方面教育的师资培训，对职业教育师资培训的机构给予资助。

（二）给予农业技术教育很大的办学自主权

美国农业职业学校最大的特点是融于社区经济发展之中。学校普遍实行董事会制度，董事会由社区内不同阶层、不同的行业人员组成，一般包括社区教育董事会成员或监事、本学区有关企业界人士以及学校校长等。学校董事会在社区教育董事会的领导下享有较大的办学自主权，如招生、就业、培训过程等都由学校根据市场需求自主决定。学校董事会主要职责是制定学校工作计划、经费预算、课程开发计划、建设规划，聘用教师职工、检查监督教学活动等。

（三）在创办公立农业技术学校的基础上、大力支持私立农业技术学校的发展

美国政府通过一系列法案和措施，一方面使得美国的公立农业技术教育得到了良好的发展；另一方面，在政府的支持下，美国私立农业技术学校也相当发达。而从农业技术教育的发端上看，美国农业技术教育实际上产生于私立学校。历史上，斯德凡在纽约州创办的恩森塞尔技术学校是美国第一所私立高等农业技术专科学校，主要讲授与农业有关的知识，学习科目有土地测量、普通工程学、收集与保管动植物标本、参加工厂及农业工作、进行蔬菜、肥料实验等。该校创办时并没有具体的办学方针，只希望能给予农村青年一定的训练，使他们能够把机械、化学以及其他科学知识应用到农业生产中去。继恩森塞尔技术学校之后，在政府的扶持下，私立农业技术学校蓬勃发展起来。美国农业技术教育的特点之一，是由官方主办的农学院和私立农业技术学校共同实施，二者长期并存，互相竞争，互相促进，互为补充，为美国农业的发展，农业技术的普及以及农业机械化、科学化作出了突出的贡献。

三、美国农业技术教育的特色

（一）普遍的教学原则

为了使未来的农业教育满足社会和经济发展的需要，必须确立普遍的教学原则。在美国，很多农业教育者虽然具有各自的价值观念、原则和哲学观点，但通过相互交流各自的教学原则，却形成了相对一致的意见，从而有利于教学质量的提高。他们的共同原则是：①学生和教育者是以"教与学"为中心；②以科学应用于实践为主要目的而确定农业课程内容；③注重对领导才能、

决策才能和解决问题能力的培养；④根据服务的地域，设置农业科目。

（二）适应社会发展的教学策略

1. 侧重农业科技的应用

美国农业教育的公立学校正在随着变化的社会而改变自己。这种改变表现在日益强调农业科技在生产实践中的应用，因为农业科技是科学原理、法则和概念在农业中的应用，所以教师在教农业基本原理、概念、法规时，主要侧重应用的一面。

2. 更注重实践技能的培养

传统的美国农业教育在"教与学"中贯穿着实际操作能力培养，但根据美国学者约翰逊的研究表明：目前的美国农业教育者较少采用实践操作的培养手段。他认为，学生也可以在技能操作指导下学习某一科目。他同时还指出：在采用实践操作培养手段进行教学时，学生对所学农业科目的态度显得非常重要。

3. 教育科目的设置趋于低年制化

传统的农业教育科目是从公立学校的第 9 年级开始的。然而现在，许多学校从第 7 年级就开始开设农业科目，主要讲授基本的农业知识，为他们今后的农业教程打下基础。

4. 学生群体发生了变化

学习农业而具有农村生活背景的学生将越来越少；高中毕业生或大学毕业生回到农场工作的将越来越少。学生成分也在发生变化，穷学生、非白人学生、英语水平较低的学生以及单亲家庭的学生比例正在逐渐增加。

（三）灵活多样的教学形式和方法

1. 提供多层次的培训形式

为了满足不同文化水平、不同经济基础求学者的需要，美国的农业技术教育为学生提供了多层次的教育，使之可以根据自己的实际情况进行选择。除了公立职业学校外，美国还积极鼓励各部门、行业、私人企业、社会团体和个人举办多层次、多形式的农村技术教育。职业学校在农村广泛举办培训班，利用冬季和农闲时对青年农民进行系统培训，为成年农民举办继续教育班，向农民传授新的科技知识。此外，全美国有农民俱乐部 5 万多个，帮助农村青年学习各种专业技术，制订生产计划，提高经营管理能力。多种形式的农业技术与职业教育提高了美国农民的素质。

在美国众多的农业技术教育形式中，中等农业技术教育最具特色，概括起来有如下几种：一是建于农业试验场中的中等农业技术学校。美国的第一所农技学校是明尼苏达州农业试验场办的中等学校，它学制为两年，招收 14 岁以上的学生，进行农业技术教育。每年暑假学生要在农场实习。后来该校改为明尼苏达州农学院。二是普通中等学校里开设农业技术教育课程。这种方式由来已久。三是农学院举办中等农业技术教育。农学院举办中等农业技术教育又分两种：即在农学院内附设中等农业技术学校和开办一年或一年以内的农业短训班。四是师范学校中的农业技术教育。按常规师范学院是不应该开设农业技术课程的，但美国的情况恰恰相反，许多师范学院都开设农业技术教育课程。开设目的一方面是为农校培养师资，另一方面是培养农业技术人才。五是最后一种形式，是中等农业职业技术学校。20 世纪以前，这种农业职业学校不多，只是在史密斯—休斯职业教育法通过后才迅猛地发展起来。美国中等农业技术教育形式多样，因地制宜，由各个系统共同开办，分布面极广。这不仅解决了农村地区地广人稀，而农业技术教育需求量又大的矛盾，而且充分利用了教育及其他部门的人力和物力，为农业技术教育提供有利条件。

2. 采用灵活多样的教学方式

美国农业技术教育强调先进的教学方法和教学资源与农村的实际相结合。在教学方法上，教师对学生以启发式引导为主，十分重视培养学生勤于思考、敢于怀疑、敢于提问、勇于创新的精神。教材由学生根据个人需要自己购买，并根据学习需要，自己从电脑网络中查询信息、最新资料等；图书馆全面向学生开放，学生可随时查阅或复印材料；教师使用的是针对性、实用性很强的"活"教材，主要来源于参考书、电脑中查询的信息（最新资料）、报刊上发表的重要科研、生产成果，以及向有关农业生产、科研、推广等单位了解的近期生产动态、新技术、新成果、市场情况等。在教育资源的利用上，美国各级农业技术院校能够充分利用各种教育资源进行教学。如美国农学院的附属农业学校充分借用农学院的师资、设备，成功为农场青年提供实用课程，受到社区人民欢迎；为使学生受到教育和培训，单独的农业学校利用校内的土地进行展示或在学校农场上提供实际农场工作；中学农业科在普通学校内开设农艺、畜牧、果树、农场工作、农产品销售等农业必修课程，教学以个人研究成果的讨论和家庭农场实习为主等。为提高教师的教学能力，美国各级农业技术院校规定从事农业职业教育的教师必须接受教学法的专门培训。在教学法的科研方面，美国各州立大学的教授们不断开发新的课程，发明新的教学法。他们认为，农业教育应该教给学生实践技能及高水平的知识，模仿现实生活、解决问题。目前，生产部门与教师正在紧密合作，围绕解决现实问题开发课程。可以说，经过系统的研究，他们十分了解学习者的需要以及新技术的应用。因此，学生们反映："当所学的知识与现实相关时，学习就变得非常有意义。"另外，学生们还认为："现实生活中学到的技能也能在其他任何环境中使用。"

总之，社会发展需要高水平的专家和先进的技术。只有通过学习和培训，才能造就既具有较高的操作能力，又具备较强的思维能力的人才。

（四）注重实践教学与考核

美国农业技术院校规定，学生必须到农场、公司等参加生产实践，并帮助完成某一生产课题、解决生产实践问题才能毕业。学生必须有一定的工作经验积累，才能拿到毕业文凭和专业技能鉴定证书。如在芝加哥州立大学，一年级学生每人分一块 1 米多宽、10 余米长的土地作为试验田，根据课程进度在这里种植蔬菜，这是学生向老师交的作业。到了三年级每人分 1 英亩土地，学校负责投入，从种植计划到播种、管理、收获全部由学生完成，根据经济收益评定成绩，并偿还学校的投入，若亏损，那么成绩就不及格。几千英亩的实验农场专职管理人员只有三名专家，大量生产任务由学生承担。美国中等职业学校也要求参加农业职业课程的学生每年至少有 6 个月的管理农场的实践，开始是养一头猪、几只鸡鸭、种一亩玉米地等，后来发展到针对当地实际情况，制订一个完整的四年农业管理实践计划。此外，学校的设备、开设的课程以及使用的教材、教法都相当注意技能的培养。如美国农业职业院校大都配有农场、实验室、图书馆等；条件不具备的农业技术与职业学校，则将学校地址或学校内的农业科设在农场附近，充分利用社区的家庭农场解决实习基地问题。农业技术教育的教学考核也非常重视实践，对学生普遍实行学分制考核，由教师按课程教学内容进行多种方法的考核，书面闭卷考试很少，主要采用问答、演示、作业单技能随时分散的考核，突出技能考核。

（五）以市场需要为导向，设置农业技术教育课程

瞄准农业市场人才需求，灵活设置农业技术教育课程，科学合理进行课程开发与利用，是美国农业职业教育的重要特征之一。

1. 以农业市场人才需求为导向灵活设置农业技术教育课程

首先，由于美国农业市场人才类别需求表现出多样性，因而农业技术教育的课程设置非常灵活。美国农业技术院校既设有两年制的副学士课程，也设有重在就业岗位知识和技术技能培训的两年制、一年制或不到一年制的短期培训课程，还设有学徒培训课程。其次，职业技术教育课程设置所涉及的专业领域非常广。美国职业技术学校的课程设置与 300 多个职业有关，专业领域主要包括农业综合企业等 8 大类。

2. 与市场需求紧密联系进行课程开发

美国农业技术院校有各种课程顾问委员会，成员来自社区工商业、农牧场等。根据实际需要，先进行岗位分析、技能分析，按模块设置课程，每个模块包括理论知识、技能培训和考核等。教师对课程开发有建议权，但专业设置和课程的计划必须经过课程顾问委员会的论证和学校董事会的批准。科学的课程开发既能保证教育与社会的密切联系，同时又能够保证培养农业生产真正需要的合格人才。此外，实践性课程的开发也备受重视，理论课程与实践课程之比为 53∶47，强调针对职业岗位的实际，在做中学，边做边学，教、学、做合一，手、口、脑并用。上课、实验、校外实习中的实践性比重都被特别强调，顶班劳动和实际操作是实践课程的重要形式。课程设置与开发强调学生多种技能的培养和综合素质的提高，已经成为美国农业技术教育发展的重要趋势。

（六）实行学分制，全社会共同参与

1. 实行弹性学分制

美国农业技术教育普遍实施弹性学分制。学生学完学院规定的所有学分教程，即某一模块或教学单元的学习之后，经考核合格，都会获得相应的学分，并可自由选择转到其他相关学校相关专业学习。如果积累的学分达到证书或学位规定的要求，就可以获得相应的证书或学位。

2. 全社会共同参与

美国农业技术教育实行社会、学校和家庭协作的模式。其中，政府负责制定法律，组织人员收集信息，协调科研，发行期刊、公告，为农业技术教育提供法律和信息保障；农业职业学校负责在承担全日制在校学生教学的同时，还承担夜大校、部分时间制班级的教学任务。他们常常深入乡村、农场、农户家中，积极保持与社区内的农业协会、农民组织、家庭成员的联系，介绍农业的最新发展，取得农民的认可和帮助。此外，各种农业协会、青少年组织负责承担向广大农民和未来农民传播农业生产知识和技术，培训新型农民的任务。

第二节　农业技术研发

在农业技术科研方面，美国的农业研发部门将重点放在了农业技术创新这一点上。

美国的农业技术创新体系由公共部门和私人部门两个系统组成。公共部门的农业技术创新系统又由两部分构成：一是联邦农业部农业研究局和合作推广局等系统；二是由各州立大学农学院及其附属的农业试验站和合作推广站组成的农学院综合体。美国农业部统一负责美国农业技术创新各环节工作的协调。下属农业研究局是美国农业部最大的机构，管理国家一级的农业科研活动，主要任务是开展各种农业基础研究和应用研究，研究成果由各州的农业试验站和合作农业推广系统应用于生产。农业研究局按照自然条件和生态环境，下设东北部、中北部、南部和西部 4个研究中心，分布在全美 150 多个不同气候和不同生态系统的主要农场和牧场，分别承担国家重大的农业科研项目和科研经济管理工作。联邦政府和州政府在发展农业上既有分工又有合作，各自有自己的研究计划。凡是成功概率低、难度大而又属于全国性的并带有紧迫性的项目，通常由联邦政府承担。美国的私人研究机构系统则主要由私营企业资助和管理，有时也通过与美国农业部、州立大学签订合同，重点从事易于商业化的农业开发性研究，承担具有实际应用价值的技术开发与研究，研究成果的产权也归私人研究机构所有。

在农业研究系统，公共研究机构主要包括农业部下属农业研究局和 56 个州农业试验站，私人农业研究机构则主要包括与农业有关的私人企业、家族基金会、协会等举办的研究机构。政府的农业科研机构在美国农业科研体系中起着不可替代的作用。农业研究局设有四大研究中心和 56 个州农业试验站，构成美国农业科研体系的主体。农业研究局领导的科研机构负责全国公共研究任务的 40% 左右。州农业试验站的研究范围极广，涉及与农业和农村发展相关的各种课题，其任务是就农业科学原理及其实际应用进行研究和试验，并在此基础上为农民提供服务。研究系统的资金来源也是多渠道的。农业部的研究经费大部分来自各大公司。美国的涉农公司的科研经费相当可观。著名的约翰·迪尔农机制造公司，每年用于农机科研的经费达 2.5 亿美元。由于各种公司大量介入农业科研，美国农业科研的许多项目是直接面向市场的，科研与生产结合得十分紧密，科研单位根据企业和农业部门的委托攻关，开展各种协作和联合。农业试验站的多学科专家也经常进行合作，组成跨学科的课题组，从不同的角度对同一专题开展研究。这种科研组织形式，有利于协同攻关，加快科技成果的转化。一些高科技成果应用于农业的速度十分惊人。全球卫星定位系统、因特网和基因技术等，都是在开发出来以后很短的时间里就应用于农业领域的。

目前，美国农业技术研发的重点领域主要涉及以下 6 个方面。

一、水土资源保护及新型生态系统

研究目标是为稳定发展高产优质农业研究管理和保护土壤、水源和空气环境的技术，评估农业活动和环境变化对自然资源的影响。共设立 11 个研究课题，主要内容包括：改进耕作制度；地下水、地表水中化学物聚集的控制；化肥农药的施用技术；评估各种保护性耕作方式；利用城市和工业废弃物来提高农作物产量的技术；水土保持技术；测量和评估全球环境变化对水源、农业生态系统及人类健康的影响，研究农业同温室效应的相互关系；建立新型农业生态系统，包括建立湿润、半湿润地区的农林生态系统，干旱、干旱地区农业和畜牧业综合生产系统以及土、草、畜相结合的草地生态系统等。

二、提高植物生产力

研究目标是确保美国农作物高产优质。共设立 14 个课题，主要研究内容：

一是农作物种质资源的收集、鉴定和保存，包括：（1）农作物种质主潜力评价；（2）野生植物种和有价值的害虫天敌种系的利用；（3）种质资源保存新技术；（4）建立种质资源数据库等。

二是农作物性状改良研究，包括：（1）用杂交育种培育高产、优质和抗逆的作物新品种，用生物技术（转基因）创造高品质的农作物新品种；（2）用远缘杂交、诱变育种改良作物品质；（3）用野生植物资源培育耐旱、耐盐碱及抗寒的作物新品种，利用细胞工程和转基因技术培育抗病虫害的作物品种，绘制重要农作物的基因定位图。

三是发展设施农业与植物工厂，包括：（1）农作物病虫害的防治新方法、新技术；（2）开发如花卉等高增值、低种植面积的作物生产系统。

三、畜牧业

研究目标：采用传统技术与生物技术相结合的方法，培育高产、优质并抗病的畜禽新品种；改善畜禽管理和饲养管理方法；研究防治畜禽主要疫病和寄生虫的新型疫苗、药物和诊断方法；提高畜禽繁殖率的新途径。研究的课题主要涉及如下几个方面：

一是畜禽牧草的育种技术和遗传规律，包括：应用遗传学和杂交技术，培育高产优质品种、品系；采用杂交、辐射及抗病育种等方法，培育抗病虫害、抗干旱、耐寒的牧草新品种；畜禽的遗传规律等。

二是分子遗传学研究，主要内容：DNA 的鉴定和传递技术；利用转基因技术培育抗病、生产性能高的畜禽新品种；用生物技术研制家畜的生长激素，提高肉乳及毛的产量；用基因工程方法研制可降解木质素或半木质素纤维的微生物，以反刍家畜的饲料利用率。

三是饲料营养学研究，内容包括：饲草、饲料的营养成分的保存和利用；提高植物细胞壁消化率的方法；蛋白质饲料资源的替代物的开发和研究；各种饲料添加剂和工业蛋白质的生产工艺技术；植物蛋白质的添加剂；饲料毒素的快速检测及去除方法和技术。

四是现代饲养及管理方法，主要研究畜牧业生产的计算机管理，以及生产全过程的设施机械化、自动化和电气化等问题。

五是畜禽繁殖效率的提高途径，主要包括：改进遗传、提高繁殖率；采用胚胎移植和其他繁殖新技术，缩短世代间隔，提高肉牛双胎率、猪的多胎率及存活率；家畜的免疫学机理等。

六是畜禽疾病防治，内容包括：建立畜禽疾病的综合防治体系；用基因工程方法研制用于疫病的快速诊断的试剂（单克隆抗体及核酸探针等）；研制兽用基因工程疫苗；家畜寄生虫的综合防治及其疫苗的研究；家畜、家禽在集约化条件下的代谢病的研究；家禽中毒病和真菌毒素污染饲料的快速准确测定方法和去毒技术等。

四、农产品开发贸易及运输

该领域研究的目标是：改进产品质量，开发增值产品，开辟新的海内外农产品市场，提高美国农业的经济活力和竞争力。重点研究内容：消除肉制品的细菌污染和粮食受真菌毒素污染的和技术；消除由于病虫害和畜禽疫病所造成的农产品的贸易壁垒；现场快速、费用低的农畜产品质量分析和检测方法（包括化学和有毒物残留的检测）；谷物、水果、蔬菜和羊毛等产品的质量标准和分级方法；开发新的纤维和皮革产品。

五、人类营养和福利

该领域研究的目标是深入了解人类对饮食的需要，探索人类的营养善和食物结构，为人类提供富营养且卫生的健康食品。共设 4 个研究课程：人类的食物结构及其对健康的影响；人类对营养和能量需求的幅度；以提高食品营养价值为目标的食品生产加工技术；食品农业生产的发展策略。

六、农产品的生产、加工和销售一体化的综合服务体系

本领域研究的主要目标是为上述五大研究领域服务，研究的主要内容有：建立农业生产、加工和销售的一体化综合体系；为农业发展及时提供信息的技术及计算机专家系统（重点是研究利用遥感及计算机模拟技术）；不同自然区域的生产资源保护体系及水土资源受破坏的预报等。

近期，美国制定的农业科研政策主要目的是：（1）通过制定全国性计划，对全国农业科研加强规划和协调。（2）为了确保科研目标的实现，对基础研究和应用研究之间保持合理比例：目前，各为 50％。（3）确定科研优先领域，并据此分配科研力量和资金。（4）在农业部农业研究局的全面协调和监督下，由各科研大区和中心主任负责制定并实施为六大科研目标服务的本地区、本部门的科研计划。（5）系统评价和检查计划执行情况。（6）开展国际合作与交流，以此补充国内科研力量。

第三节　农业技术推广

一、美国的农业技术推广的特点

美国的农业推广系统整体情况是，该系统主要由三个层次构成：联邦农业推广机构、州农业推广机构和县级农业推广机构。其中，州农业推广机构在该系统中处于核心地位。农业部下属的推广服务局是美国农业技术推广的管理和领导机构，不直接从事推广工作，其主要任务是确保在全国范围内实现一个有效的推广体系，该体系将以先进的知识、良好的教育和解决问题的项目满足人民的迫切需要，体现联邦政府的利益和政策。各州立大学和农学院的农业推广站是中级管理机构，领导农业推广示范及运销等工作，实行农业科研、教育与推广"三位一体"的体系。其主要职能是制定各州农业推广计划并负责实施，选聘和培训县级农业推广人员，并为其提供技术、信息方面的帮助。由于处在联邦和县之间的中间层次，各州农业推广站作为直接联系研究机构和农户的纽带和窗口，具有非常重要的作用。而各县推广办是美国推广体系的基础，是联邦农业局和州推广站在地方上的派出机构。每个县政府都设有农业技术推广委员会，由3～5人组成。该委员会负责当地农业项目的推广和协调工作。农民需要什么技术、谁能提供技术等服务由委员会负责人与有关大学专家及企业取得联系，进行协调。通过委员会这一中介环节将科技与生产紧密地联系起来。美国农业科技推广体系对农民进行无偿的技术推广服务，这也是美国农业科技得以迅速推广的原因之一。

具体来说，美国农业技术推广系统的主要特点有：

（一）较为完善的法律保障体系

早在 1862 年，美国第 37 届国会就通过《摩里尔法案》，该法明确规定联邦政府根据各州在联邦议会中的议员人数，按每个议员 3 万英亩公有土地拨给各州政府，各州政府可以利用出售这些公有土地所得的经济收入建立和维持至少一所设有农业和机械系科的农学院或大学，这些大学被人们称为"赠地学院"或"赠地大学"。到目前为止，美国共有 56 所赠地农学院，遍布美国的 50 个州。它们的任务是进行农业科学及机械技术方面的教学和研究。

1890 年，第二个《摩里尔法案》获得通过并经总统签署成为法律，它补充和发展了第一个莫里尔法。该法主要内容是，每年从国库中给各州拨款 1.5 万美元，以后逐年增加，到 2004 年增加到 30 亿美元。这使得联邦政府对赠地院校年度拨款制度化，并持续至今。

1887 年，美国国会通过了《哈奇法案》，也称农业试验站法案，这一法案的通过，是因为之前康涅狄格州的威斯康星大学率先在美国建立农业试验站，向全州推广先进的农业生产技术且成果卓著。该法案规定，每个州都要在赠地院校的农学院的领导下成立一个农业试验站，以向农民示范该站的研究成果，及时有效地获取和传播有价值的农业情报，并把它传授到民众中去。

特别说明的是，农业试验站的建立具有重大意义。一方面，农业试验站使美国的科技兴农有了坚实的基地，密切了教学和科研的关系。从此，教授们不仅讲授农业科学，而且开始研究农业生产实际中的问题。另一方面，试验站的设立，标志着美国农业科技推广制度初步形成，即由农业部、各州赠地院校农学院和农业试验站分工协作共同承担农业科学研究和推广任务，从而使美国的农业教育和科学研究工作进一步结合起来，推动大学在农业、畜牧业等方面的各种示范基地、试验室、试验田迅速发展，培养理论与实践相结合的实用型农业科技人才，一系列农业科技应用成果大量涌现，同时也促进农牧业科学和与其相关的学科相继诞生和蓬勃发展。比如加利福尼亚州的地理条件原本与我国新疆相似，后来农业试验站的人员经过考察研究，从山上的积雪处修建了几十万条水渠，把雪水引到沙漠，使昔日的不毛之地变成万顷良田，现在成了美国最大的农业州。

1914 年，第 63 届美国国会又通过了《史密斯—利弗法案》，规定由联邦政府与有关大学合作，在每个州建立从事农业技术推广和普及机构，即农业技术合作推广中心；1994 年，第 103 届美国国会通过《联邦部门组织法案》，确定美国农业部成立农业研究、教育和推广合作部门，负责管理、指导和协调全美国农业技术推广工作。

总之，美国数项重要法律的连续出台，为农业技术推广体系的建立奠定了坚实基础，提供了有效的法律保障。

（二）农业教育、科研和推广紧密结合，联邦、州和县三级结构层次分明

主要表现在机构设置和职能上。在联邦一级，美国农业部设有农业研究局（ARS）、农业经济研究局（ERS）、国家农业统计局（NASS）和农业研究、教育与推广合作局（CSREES）4 个与农业技术推广有关的部门，由 1 名副部长主管和协调这 4 个部门。农业研究、教育与推广合作局主要职能是协调联邦农业部有关部门、全美 106 所州立大学和私人机构等开展农业技术推广工作。此外，联邦农业部还在各州设有 120 多个专业研究院、所。在州一级，有州立大学，其大学农学院内设有农业试验站和州的农业

合作推广中心，农业试验站在本州范围内设有多个试验基地，进行新品种、新技术的研究、引进和示范。州农业合作推广中心除了负责指导和管理全州农业技术推广工作外，还承担其他职能，如青少年培训、家庭消费引导、自然资源保护管理和社区经济发展等。在县一级，设有州立大学派出的农业合作技术推广办公室，全美国近 3000 个县设有其机构。

（三）联邦、州、县和其他机构共同承担农业推广经费

根据《史密斯—利弗法案》，美国的联邦、州政府要确保农业技术推广机构的各项经费，规定联邦政府每年要按各州的人口基数下拨推广经费，而各州必须保证总经费的 25％用于各类的推广活动和特别项目。总体上，联邦政府承担经费占 13％、州级政府占 63％、县级占 14％，其他如合约和捐赠占 10％。农业合作推广的经费主要分成 3 大部分：一是基本经费。每年保持一定的财政预算基数。如农业实验站和农业技术推广基本费用。二是竞争性项目经费。这部分项目经费主要根据专家建议推荐和实际需求确定。如国立研究项目、小型企业创新项目和生物技术风险评估项目等。三是国会直拨经费。这部分由美国国会专门委员会直接确定项目和拨款。如虫害综合防控项目、全球性变化生物影响评估项目。

（四）人员配置合理，精干高效

农业合作推广中心的负责人由所在州的州立大学聘用任命；各县的农业合作推广办公室的负责人由州立大学和所在县行政管理部门组织有关专家实行公开招聘，一次聘用期为 2 年，每年进行述职考评。专业技术人员由所在大学的教授和研究员兼任。主要工作方式是定期或不定期组织有关技术培训班，发放宣传资料，组织专家开展网上和电话咨询活动。各县的农业合作推广办

公室人员工资和推广经费由州农业合作推广中心直接下拨，办公场所由所在市政免费提供。州以下的农技推广机构人员数根据实际工作任务进行聘用。如美国犹他州农业合作推广中心工作人员为 11 人，在县级设有 31 个农业合作推广办公室，县级工作人员人数不等，人口多的县如盐湖城办公室达 20 人，少的县如东南部一些县为 2～3 人。所聘任的工作人员均有大学本科以上学历，硕士和博士学位占有相当比例。有的还是农场主，如犹他州卡兹县的农业合作推广办公室的负责人是一位拥有农学硕士学位的农场主，平时兼营着自己的农场。

二、明确的推广工作指导方针、目标和任务

美国农业推广工作的宗旨是通过教育向农民传播知识。推广工作的指导方针是通过高素质的推广人员，提供高质量的教育项目，帮助农民改善生活。推广工作的目标是使农民有一个幸福、稳定的家庭；使青年人有远大的理想；提供更多的、有活力的社区，扩大就业机会，促进社区经济发展。美国的推广工作面向整个社会，包括农业的全程和家庭，以及农民与政府、社会之间的关系协调等。重点推广领域是农业与资源管理、社区经济发展与旅游、食品与安全、儿童青年教育、家庭家政管理五大领域。

通过以上领域的推广，教育农民应用现代化的生产技术和管理知识，发展优质农产品，参与国际竞争，并不断开发新的农产品；教育农民合理利用和保护资源，减少化肥、农药的施用，防止水资源污染，保证食品卫生安全；合理正确投资，改进生产设施和条件，促进社区经济发展；教育儿童青年培养从小爱学习、爱劳动的思想，向他们传授终身可用的知识和技能；教育妇女怎样带好孩子、增加食品营养，改善家庭经营管理等。

三、成功的推广工作经验

美国推广工作内容的确定主要有三种方式方法：一是自下而上，以县站为基础，收集农民所需要的知识、技术等汇总到州推广站，州站组织拟定全州及各县的推广项目内容；二是由各专业组的专家自上而下确定推广项目，如畜禽防疫、农作物病虫防治等；三是成立专家领域推广队伍，成员包括州农学院的推广专家、农牧场主、农资经销商和县推广员，共同研究决策推广项目。这样决定的推广项目针对性较强，有利多方协作共同完成。据密歇根州立大学农学院副院长、州推广站副站长 Gale Arent 先生介绍，该方法作为密歇根州的推广经验，得到了农业部和有关国际组织的充分肯定，目前正在全美和有关国家推广。在多年的推广工作中，Gale Arent 先生总结出了 8 条搞好推广工作的经验：一是每人都有向上的目标；二是推广站的人员构成以最终要达到的目标组成；三是推广人员必须竞争上岗，讲求工作实效；四是所有推广人员必须有搞好推广工作的承诺；五是有一个团结、协调、合作的工作环境；六是有一个较高的工作目标；七是推广站及其成员的工作必须得到社会的承认，受农民的欢迎；八是有原则性强、业务精、作风正的领导。

四、现代化的推广手段

美国农业推广除有健全的推广体系和庞大的、高素质的推广人员外，还拥有现代化的推广设备和手段。首先，各级推广站均配有计算机系统，并与国内外联网，设立有多个网站、网页。密歇根州的 83 个县推广站都是联网的。推广人员可以随时获得大学推广站数据库中的资料，也能了解到世界各地农业的发展动态和技术信息、市场信息等。其次，各州推广站设立有电视台、无线广播电台，定期向农民播放农业信息和技术知识。三是运用卫星系统向农民提供农业气象、病虫防治等方面的服务，开展技术培训等。县级推广站电视机、录像机、幻灯机、卫星接收处理系统等设备齐全，有土壤、肥料等质检仪器，图书资料室、会议室、培训教室等设施齐备，农民不出家门就可了解所有农业信息。

五、推广人员拥有较高的社会地位和福利待遇

美国有一支庞大的农业技术推广队伍。其农业推广人员主要由联邦农业部、农业推广局、州立农学院、县农业推广办公室和一些志愿者组成。州立农学院的教师是农业推广队伍的主体，负责对县农业推广人员进行招聘、培训和指导。美国现有 3300 个推广机构，近 2 万名推广人员，近 20 万名志愿者。相对美国从事农业生产的人口数量来讲，这是一支比较庞大的技术推广队伍。

以戴维斯加州大学为例，该大学在全加州有 5 个农业试验站，每个站约有 1000 英亩土地属学校资产，有 120 个推广教授从事农业科技推广工作。康奈尔大学在纽约州有两个农业试验站，25 个农场，每个县都有基地，有合作推广办公室（C. C. O），有400 多名农业推广人员，1700 名雇员。再以马里兰州为例，全州23 个县，县县都有推广站，从事推广工作的人员达 300 多人，80％为硕士，10％为博士。

经费方面，县推广站经费由大学推广站核定，推广人员的工资、福利待遇由大学推广站按规定比例解决，办公费用、交通工具等开支由县政府解决。科研、推广经费统一由州立大学按项目及支出预算拨付。具体到工作人员，包括县农业推广站的推广人

员，都是国家公务人员。人、财、物管理权属州立大学推广站。一般推广人员年工资平均可达 4.5 万美元以上。各级推广人员的福利、保险、退休基金、推广奖励基金及职工家属的保险等全部由政府及州推广站承担。保险金个人承担 5%，州推广站承担 10%，同时享受国家公务人员的其他待遇。

小　　结

众所周知，美国的农业科学技术与农业生产的整体实力，总的说来，为世界第一。但是人们往往忽视农业为美国最大的产业，全部农业生产投资占其全国企业投资总额的 88%。美国农业生产发展之快，固然由于拥有优越的天然环境，如其土纬度适中，东西两岸濒临大洋，宜于农业生产的土地面积大等。但是，其农业科学技术的发展和农业科技人才的培养，却起着不可或缺的科技支撑作用。据科学的估计，其农业增产的 80% 和劳动生产率提高的 70%，都归功于科学技术的发展。美国早在 20 世纪 60～80 年代就先后通过两个法案：每州都赠送一定面积的公有土地来办农学院和在农学院下建立试验站并附设技术推广站。这就形成了一套教育、科研与推广三结合的体制，从而不断培养农业科技人才，发展农业科学技术，并及时推广试验研究成果，以促进农业生产的发展。美国农业科学研究得以顺利开展的最基本因素是有关体制和工作环境条件的稳定性和常规研究的连续性。上述教育、科研与推广三结合的体制既经法定之后，虽经 20～30 任总统改选，还保持不变。各州划归农业试验的土地始终不受侵犯，教学和科研工作都在安定的环境条件下开展。许多基本科研任务都在长年累月地连续执行，如伊利诺斯大学农学院提高玉米的蛋白质和油分含量的研究已连续进行了 80 世代以上，目前尚在进行中；又如明尼苏达大学农学院小麦锈病的研究，自从 20世纪初开始以来一直坚持不懈。虽然由于生产发展中不断出现新问题，科学发展中不断有新发现、新方法、新技术，研究课题日新月异，而主要任务和常规工作一般还是保持相对的稳定性，很少有在全国范围内对某些新途径和方法一哄而起、一哄而散的情一况。如在小麦育种中，一般都是以常规育种为主，在我国曾经盛极一时的花粉培养，由于有其不利的一面，他们都不大用，三系配套的杂交麦也只有少数人坚持进行研究。

随着农业生产的发展，解决问题的难度日益增大，这就需要多学科的合作。美国各有关科学家之间的合作也是一个有益的经验。40 年前，明尼苏达大学农学院就是由于作物育种家与植物病理学家的合作而在抗病性遗传育种上取得很大的成就。举世闻名的诺贝尔奖金获得者布洛格就是早期在那里受教育的。近几年世界冬小麦联合试验的主持单位——内布拉斯加大学农学院的小麦科研领域中，就有育种家、细胞遗传学家、数量遗传学家和生物化学家合伙，他们自称为"四科帮"的相互配合研究，从而对品种和基础理论都作出重要的贡献。从开展研究到取得成果和发表论文中，并没有固定的主角和配角、主持者和参加者，而是根据分工所侧重的问题和所作的贡献而定，任何合作者的作用不但不会被抹杀，而且相得益彰，各自都成为各该学科领域的权威。这也是他们之间能够长期密切合作的重要原因。美国农业科学家之间及时地按各种组合、多样形式交流经验、互通情报，还包括现场观摩，甚至敞开供应试验研究材料，这些都有利于互相促进。在农业科学领域中一般没有什么保密的。科学界中互相有竞争，但一般还能尊重别人的成果和贡献。美国农业科学界也像其他行业一样，非常讲究工作效率和经济效益。为了提高研究工作的效率和精确性，他们非常重视发展和革新更适于研究的设备、仪器工具。以小麦育种为例，一般都是多点试验，每点的规模很大，供试验材料众多，而工作人员很少，由于从耕作播种到收获脱粒完全机械化，田间试验得以顺利进行和及时完成，实验室内的品质分析靠精密仪器也能在短期内完成。近年来电子计算机的广泛运用，使得田间和实验室所取得的大量数据，在以前需要几周或几个月才能统计分析得出结果的，现在则可在几小时内完成。美国农业科学在应用上的研究目标十分明确，如内布拉斯加大学农学院的小麦育种计划书上就直接把提高经济效益列于目标的第一条。美国的杂交小麦在试验上早已取得显著增产效果，但由于生产杂交种的成本偏高等原因，投入大面积生产的经济效益往往并不比采用其他途径育成的品种大，所以迄今推广的面积不大。

当然，美国毕竟是资本主义国家，在农业科学研究上有它的局限性；我国虽然在农业科学研究上的条件还很差，经验还不足，但是我国为社会主义国家，有我们社会主义制度的优越性，例如我国农业科学研究的群众路线的经验，美国就无法运用。美国农业科学研究中的有益经验，我国不能生搬硬套，还要根据我们的国情参考吸取。

参考文献

[1] 西奥多·W. 舒尔茨. 改造传统农业. 北京：商务印书馆，1987.

[2] 刘志扬. 美国农业新经济. 青岛：青岛出版社，2002.

[3] 聂闯. 美国农业. 北京：中国农业出版社，1998.

[4] 陈华山. 当代美国农业经济研究. 武汉：武汉大学出版社，1996.

[5] 徐更生. 美国农业政策. 北京：中国人民大学出版社，1991.

[6] 黄祖辉，林坚，张冬平等. 农业现代化：理论、进程与途径. 北京：中国农业出版社，2003.

[7] 陈健. 农业：现实与历史. 北京：人民出版社，1991.

[8] 朱希刚等. 技术创新与农业结构调整. 北京：中国农业科学技术出版社，2004.

[9] 张爱军，胡立峰，王红，张瑞芳，周大迈. 机械化保护性耕作特点及发展方向探讨. 河北农业科学，2008，(8).

[10] 吴崇友，金城谦，魏佩敏等. 保护性耕作的本质与发展前景. 中国农机化，2003，(6).

[11] 高焕文. 机械化保护性耕作技术. 现代化农业，2002，(4).

[12] 刘汉武. 保护性耕作需高效先进农机作保障. 农机市场，2007，(9).

[13] 高焕文. 美国保护性耕作发展动向. 农业技术与装备，

2007，（9）.

[14] 张丽娟，韩江，王铁生. 美国节水灌溉的现状. 水土保持科技情报，2000（2）.

[15] 康洁. 美国节水发展的历史、现状及趋势. 海河水利，2005，（6）.

[16] 段爱旺，白晓君. 美国灌溉现状分析. 灌溉排水，1999，（1）.

[17] 孟昭宁. 美国农机技术的发展趋势. 现代农业装备，2008，（1）.

[18] 李凯恩. 美国农业和农业机械设备制造业. 农业技术与装备，2008，（9）.

[19] 钱晓华. 美国肥料科技现状及其对我们的启示. 安徽农学通报，1999，（1）.

[20] 梁素珍. 美国肥料科技的发展趋势. 世界农业，1996，（11）.

[21] 2005年美国农药使用情况. 中国农药，2007，（1）.

[22] 赵羿，梁继禄. 美国的土壤侵蚀与防治. 中国水土保持，1997，（5）.

[23] 美国生物农药的管理. 世界农业，2001，（3）.

[24] 古伦. 美国农作物品种培育和改良技术现状（一）. 农民日报，2001-06-07.

[25] 王民. 美国农作物品种培育和改良技术现状（二）. 农民日报，2001-07-05.

[26] 洪健飞编译. 美国政府对生物技术产品的管制. 生物技术通报，2004，（5）.

[27] 美国长期投资研发培育良种. 种子世界，2007，（1）.

[28] 生物技术推动美国农业与时俱进. 安徽科技，2008，（4）.

[29] 程序."精确农作"在美国兴起. 世界农业，1996，（9）.

[30] 计算机在美国农业中的应用. 北京农业，2007，（19）.

[31] 王致诚. 美国的计算机农业. 世界农业，1990，（7）

[32] 王志臣. 美国地理信息系统应用和技术发展现状. 林业资源管理，1996，（4）

[33] 许世卫，李哲敏，李干琼. 美国农业信息体系研究. 世界农业，2008，（1）.

[34] 刘海启. 美国农业遥感技术应用现状简介. 国土资源遥感，1997，（3）.

[35] 王俊鸣. 信息技术打造精确农业. 科技日报，2006-07-19.

[36] 邓志军. 美国农业技术与职业教育的特色. 中国职业技术教育，2006，（26）.

[37] 王文槿. 美国的农村职业教育. 中国职业技术教育，2005，（5）.

[38] 张凤有. 美国农业科技的发展与启示. 济源职业技术学院学报，2003，（4）.

[39] 刘志扬. 美国农业科学技术推广的方式与启示. 农业经济，2003，（8）.

[40] 朱鸿. 美国农业技术推广体系的特点与职能. 台湾农业探索，2006，（3）.

[41] 美国农民的培训方式. 经济研究参考，2006，（79）.

[42] 舟野. 美国：依靠科技发展农业. 经济日报（农村版），2006-04-10.